KB178992

토리첼리가 들려주는 대기압 이야기

토리첼리가 들려주는 대기압 이야기

ⓒ 송은영, 2010

초 판 1쇄 발행일 | 2005년 6월 3일
개정판 1쇄 발행일 | 2010년 9월 1일
개정판 14쇄 발행일 | 2021년 5월 31일

지은이 | 송은영
펴낸이 | 정은영
펴낸곳 | (주)자음과모음

출판등록 | 2001년 11월 28일 제2001-000259호
주   소 | 04047 서울시 마포구 양화로6길 49
전   화 | 편집부 (02)324-2347, 경영지원부 (02)325-6047
팩   스 | 편집부 (02)324-2348, 경영지원부 (02)2648-1311
e-mail | jamoteen@jamobook.com

ISBN 978-89-544-2024-2 (44400)

토리첼리가
들려주는

대기압 이야기

| 송은영 지음 |

㈜자음과모음

토리첼리를 꿈꾸는
청소년들을 위한 '대기압' 이야기

세상에는 두 부류의 천재가 있다고 합니다.

한 부류는 창의적인 사고가 무척 기발하고 독창적이어서, 우리와 같은 평범한 사람들은 결코 따라갈 수 없는 천재입니다. 그리고 다른 한 부류는 우리도 끊임없이 노력하면 가능한 천재입니다.

앞의 예로는 아인슈타인이 대표적입니다. 아인슈타인은 한 세기에 한 명 나올까 말까 한 천재적인 두뇌를 지니고 있는 사람으로, 인류 문명에 혁명적으로 새로운 물꼬를 터 주었지요. 그 뒤를 이어서, 노력하는 천재들이 인류 문명에 새로운 활력을 왕성하게 불어넣어 줍니다.

아인슈타인은 말할 것 없고, 노력을 통해 이루어진 천재들에게서 남다르게 나타나는 것은 '빛나는 창의적 사고'입니다.

빛나는 창의적 사고와 직접적인 연관이 있는 것은 '생각하는 힘'입니다. 인류가 오늘날의 문명을 이룰 수 있었던 이유도 다른 동물과는 분명히 차별되는 생각하는 힘을 유감없이 발휘했기 때문입니다. 그래서 생각하는 힘은 아무리 칭찬을 해 주어도 지나치지 않지요.

이런 취지로, 나는 창의적인 사고를 키울 수 있는 방향으로 글을 썼습니다.

이번 글에서는 대기압에 대해서 설명하고 있습니다. 대기압이 무엇이며, 왜 생기고, 그것을 어떻게 유용하게 이용해 왔는지를 따라가면서 창의적인 생각의 힘을 여러분도 키워 나가길 바랍니다.

늘 빚진 마음이 들도록 한결같이 저를 지켜봐 주시는 여러분과 이 책이 나오는 소중한 기쁨을 함께 나누고 싶습니다. 끝으로 책을 예쁘게 만들어 준 (주)자음과모음 식구들에게 감사의 마음을 전합니다.

송 은 영

차례

1

갈릴레이와 우물

지하수가 지상으로
올라오지 못하는 까닭을 알아봅시다.

1

첫 번째 수업

갈릴레이와 우물

토리첼리가 밝게 웃으며
첫 번째 수업을 시작했다.

대공의 의문

　이탈리아 중부의 토스카나는 피렌체와 피사를 포함하고 있던 르네상스 문화의 중심지였지요.

　어느 날 토스카나 지역을 통치하고 있던 대공(大公, Grand Duke)이 궁전의 뜰을 죽 훑어보고 있었습니다.

　'어디가 좋을까?'

　대공은 우물을 팔 장소를 생각하고 있었습니다. 잠시 후 대공의 시선이 한곳에 멈추었습니다.

"저기가 좋을 듯싶군."

이렇게 해서 대공의 대저택 안에 우물을 파는 작업이 시작되었습니다.

인부들이 땅 밑을 웬만큼 파 내려갔을 즈음이었습니다.

"지하수가 보입니다!"

인부가 외쳤습니다.

인부가 내려간 곳은 10여 m가 족히 넘었습니다.

"파이프를 연결해라!"

지상에 있던 인부의 우두머리가 말했습니다.

인부들은 서둘러 파이프를 펌프에 연결했습니다. 그러고는 물이 힘차게 뿜어 올라오는 상상을 하면서 펌프를 작동시켰습니다.

그런데 이게 어찌 된 일인가요? 지하수가 콸콸 쏟아져 나오기는커녕, 물 한 방울도 흘러나오지 않는 것이었습니다. 누구도 지하수가 솟아오를 것을 의심하지 않았는데 도대체 이게 무슨 일이란 말입니까?

펌프에 이상이 있나, 파이프에 구멍이 생긴 게 아닌가 살피고 또 살펴보았으나 아무런 문제점을 찾을 수 없었습니다.

'허, 참으로 알 수 없는 일이로군.'

대공은 고민에 빠졌습니다.

그러나 아무리 머리를 싸매고 생각을 해 보아도 마땅한 답이 떠오르지 않았습니다. 그래도 여전히 희

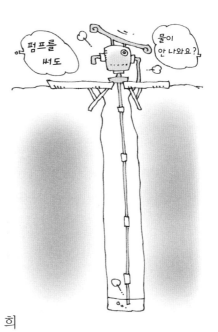

망을 버리지 않고 인부들에게 한 가닥 실마리를 기대해 보았습니다. 그러나 누구 하나 제대로 된 설명을 꺼내지는 못하였습니다. 그들은 두 눈을 끔뻑이며 서로의 얼굴만 쳐다볼 뿐이었지요.

'대체 이유가 뭘까?'

궁으로 향하는 대공의 발길이 무거웠습니다.

스승 갈릴레이의 말년

대공은 이 문제를 해결하지 않고는 도무지 잠을 이룰 수가 없을 것 같았습니다. 대공이 믿을 사람은 최고의 과학자 갈릴레이뿐이라는 생각을 했습니다. 대공은 갈릴레이(Galileo Galilei, 1564~1642)를 불렀습니다.

당시에는 돈 많은 귀족이 유능한 과학자를 금전적으로 지원하면서 연구 의욕을 고취하는 것이 하나의 관례였습니다. 갈릴레이는 토스카나 대공과 그런 끈끈한 인연을 맺고 있었지요.

갈릴레이는 나, 토리첼리의 스승이기도 하답니다.

이 무렵, 내 스승인 갈릴레이가 정신적으로 아주 힘겨운 나날을 보내고 있었습니다. 종교 재판으로 극심한 충격을 받았기 때문이지요. 종교 재판소가 갈릴레이에게 이단 선고를 내린 것입니다.

그러나 종교 재판소는 갈릴레이에게 형벌을 내리지는 않았습니다. 갈릴레이가 지금껏 쌓아 온 공적을 참작해서 그의 친구인 피콜로미니 대주교의 집에 머물러도 좋다는 허락을 해 주었지요.

갈릴레이는 그곳에서 다섯 달가량을 체류했습니다. 대주교

는 의욕을 잃은 갈릴레이에게 용기를 복돋워 주었지요. 그리고 그해 말인 1633년 12월 종교 재판소는 갈릴레이가 집으로 돌아가도 좋다는 판결을 내렸습니다.

집으로 돌아온 갈릴레이는 근처 수녀원에 있는 딸을 자주 찾아갔습니다. 그러나 갈릴레이의 딸은 그즈음 건강이 몹시 나빠져 있는 상태였습니다. 수녀원에서 병자들을 돌보는 일에 시달린 데에다, 아버지의 일로 너무 많은 걱정을 한 탓이었습니다. 그녀는 결국 1634년 4월에 세상을 뜨고 말았습니다.

종교 재판소의 결정에 크나큰 충격을 받은 상태에서 딸의 죽음까지 겪게 되자, 갈릴레이는 더는 일어서기 어려울 정도까지 쇠약해졌습니다. 당시 갈릴레이의 상태가 어떠했는지는 그가 친척에게 보낸 편지에 잘 드러나 있습니다.

내 몸의 상태는 굉장히 나쁘답니다. 맥박은 가끔 멈추었다가 다시 뛰고, 심장은 격렬할 정도로 두근거리지요. 게다가 심한 우울증까지 겪고 있어요. 밥도 먹기가 싫어요. 이런 나 자신이 정말 미워 죽을 지경이랍니다. 나의 사랑스런 딸이 지금도 나를 부르는 소리가 귓가에 쟁쟁한 듯합니다.

엎친 데 덮친 격으로, 최악의 상황을 맞이해서 더는 나빠질 것도 없어 보이던 갈릴레이에게 하늘은 다시 한번 처절한 고통을 안겨 주었습니다. 갈릴레이가 시력을 잃은 것이었습니다. 한쪽 눈은 완전히 실명되었고, 나머지 한쪽도 거의 시력

을 잃은 것이나 마찬가지였습니다. 망원경으로 태양을 자주 자세히 들여다보며 연구에 매진한 것이 불행을 불러온 주원인이었습니다.

하지만 그런 와중에도 갈릴레이는 좌절하지 않았습니다. 자신의 마지막 역작이 된 《두 개의 신과학에 관한 수학적 논증과 증명》을 혼신의 힘을 다해 집필했고, 이 책은 그가 죽고 난 후 1638년에 출판되어 세상에 나왔습니다.

스승의 이러한 불굴의 정신은, 두말할 것 없이 연구를 하는 나에게 크나큰 자극제가 되었지요.

갈릴레이가 알아낸 사실

대공의 의문을 접했을 즈음, 내 스승을 둘러싼 상황은 이러했지요. 그럼 갈릴레이가 그 문제를 어디까지 어떻게 풀어내었는지 알아보지요.

대공은 고민에 빠진 그간의 사정을 갈릴레이에게 상세히 말하고는 간곡히 부탁했습니다.

"그대는 우리나라 최고의 과학자요. 아니, 이 세상 최고의

과학자요. 그러니 지하수가 지상으로 올라오지 못하는 까닭을 반드시 밝혀 줄 것이라 믿소."

대공으로부터 뜻밖의 질문을 받은 갈릴레이는 즉각 답을 해 주지는 못했습니다. 그러나 갈릴레이는 의문을 파헤쳐 보려는 여러 창의적인 노력을 기울였습니다. 그러고는 다음의 생각에 이르렀지요.

'우물의 깊이와 관련이 있는 건 아닐까?'

갈릴레이는 자신의 생각을 검증해 보기로 했습니다. 갈릴레이는 우선 그 지역에서 가장 얕은 우물을 선택했습니다. 파이프를 연결하고 펌프를 작동시켰습니다. 그랬더니 지하수가 지상으로 콸콸 흘러넘치는 것이었습니다.

다음은 처음보다 깊은 우물을 골라서 똑같은 과정으로 물

을 뽑아 올려 보았습니다. 이번에도 지하수는 거침없이 솟아
올랐습니다.

갈릴레이는 이런 식으로 우물의 깊이를 달리하며 실험을
계속하였습니다. 그러던 중 지하수가 올라오지 않는 우물이
나타났습니다.

"우물의 깊이를 재 보거라."

갈릴레이가 명령했습니다.

인부들이 우물의 깊이를 재었습니다. 깊이는 10m가 조금

넘었습니다.

'답이 보이는 것 같군!'

갈릴레이가 다시 명령했습니다.

"깊이가 10m 안팎인 우물 여러 개를 골라라."

우물의 깊이가 10m 조금 안 되는 것, 10m가 약간 넘는 것 몇 곳을 인부들이 선택했습니다. 갈릴레이는 그 각각의 우물마다 앞과 같은 방식으로 파이프와 펌프를 연결하고 물을 끌어 올리라고 했습니다.

그 결과, 깊이가 10m가 안 되는 우물은 예외 없이 지하수가 솟아 나왔습니다. 그러나 깊이가 10m 이상 되는 우물은 지하수가 올라오지 않았습니다.

갈릴레이가 만면에 환한 웃음을 지었습니다.

'그렇다면 대공 저택에 있는 우물의 깊이가……?'

갈릴레이는 대공의 저택으로 가서 뜰에 파 놓은 우물 앞에 섰습니다.

"이 깊이가 얼마나 되느냐?"

인부들이 서둘러서 우물의 깊이를 재었습니다.

"13m가 넘습니다."

그랬습니다. 대공 저택의 우물은 깊이가 10m를 훨씬 넘었던 겁니다. 답은 자명했습니다. 갈릴레이는 결론을 내렸습니다.

우물의 깊이가 10m를 넘으면 지하수를 끌어 올릴 수 없어요.

"지하수가 지상으로 끌어 올려지려면 그 깊이가 10m 이하여야 한다."

갈릴레이는 우물의 깊이가 10m를 넘으면, 지하수를 끌어 올리는 것이 가능하지 않다는 것을 입증한 것입니다.

이것은 분명 의미 있는 발견입니다. 그러나 결정적인 발견은 못 됩니다. 왜냐하면 그 이유를 명백히 밝히지 않았기 때문입니다. 중요한 건 우물의 깊이가 10m 이상이 되면 왜 지하수를 끌어 올릴 수 없느냐는 것이지요.

그러나 나의 스승이 이 문제를 끝까지 해결하지 못한 건 그가 아둔해서가 아니었습니다. 모두 알다시피, 갈릴레이는 근대 과학을 연 위대한 과학자이지요. 과학사에서 주요한 인물 세 사람을 꼽으라고 하면 아인슈타인, 뉴턴, 그리고 갈릴레

갈 릴 레 이

아인슈타인

뉴 턴

이를 꼽는 데 이의를 제기하는 사람은 거의 없습니다. 그만큼 갈릴레이는 위대한 물리학자이지요.

그러니 그런 그가 이 문제를 머리가 나빠서 풀지 못한 것이라고 보아선 안 된다는 얘기이지요. 갈릴레이가 이 문제를 해결하지 못하고, 나에게 넘겨 주어야만 했던 이유는 갈수록 나빠져 가는 건강 때문이었습니다.

자신의 저서가 나온 1638년, 갈릴레이는 희미하게 남아 있던 한쪽 눈의 시력마저 완전히 잃어버린 상태가 되었습니다. 이제 누구의 도움 없이는 편지도 쓸 수 없는 상황이 되었습니다. 이때 갈릴레이의 제자와 친구들이 그를 도와주었지요. 특히 나, 토리첼리와 비비안니라는 친구가 충실한 비서 일을 해 주었답니다.

하지만 불행하게도 갈릴레이의 건강은 하루가 다르게 나빠져만 갔습니다. 그러고는 이내 너무 쇠약해져 더 이상 연구가 불가능하게 됐습니다.

1641년 겨울이 다가왔을 때에는 심장에 가해지는 심한 고통으로 꼼짝없이 침대에 누워 있기만 하였습니다. 온몸은 불덩이 같았고, 좀체 잠을 이루지 못했습니다. 그러던 1642년 1월 8일, 갈릴레이는 끝내 이승을 떠나고야 말았습니다.

이렇게 해서 이 문제는 자연스레 제자인 나, 토리첼리의 몫이 되어 버렸습니다.

그대는 이 세상 최고의 과학자요. 그러니 새로 판 우물의 지하수가 지상으로 올라오지 못하는 까닭을 반드시 밝혀 줄 것이라 믿소.

네, 알겠습니다.

좋아. 얕은 우물부터 지하수를 끌어 올려 보자.

선생님, 물이 아주 잘 나옵니다.

더 깊은 우물은?

선생님, 이번에도 아주 잘 나옵니다.

아주 깊은 우물을 팠더니 이번에는 물이 안 나오는군요. 깊이가 얼마나 되는지 재어 보게나.

10m가 조금 넘습니다.

역시 깊이가 10m가 넘는 우물에서는 물이 나오지 않는군.

대공, 지하수가 지상으로 끌어 올려지려면 우물의 깊이가 10m 이하여야 합니다. 그런데 대공 정원의 우물은 13m나 되어 물이 나오지 않은 것이었습니다.

흠, 그랬군요. 그럼 다른 곳에 우물을 새로 파도록 해야겠군요.

지하수와 공기 기둥

지하수를 끌어 올리는 데는 어떠한 요소가 필요할까요?
우물 내부의 요소와 외부의 요소를 통해
지하수를 끌어 올리는 원리를 알아봅시다.

2

지하수와 공기 기둥

토리첼리가 과거를 회상하며
두 번째 수업을 시작했다.

변곡점은 10m

  나에게는 스승이 끝내지 못한 연구를 알차게 마무리해야
하는 막중한 임무가 주어졌습니다.

  '왜 10m가 한계 높이일까?'

  나는 이 문제에 대해서 명확한 답을 제시해야 했습니다. 나
는 어떤 식으로 실험을 이끌어 나갈지를 결정하기에 앞서,
좀 더 근원적인 문제부터 파고들어야 한다고 생각했습니다.
그래서 택한 방법이 사고 실험이지요.

　사고 실험은 실험 도구나 실험 장비를 직접 이용한 실험이 아니랍니다. 예를 들면, 무거운 공과 가벼운 공 가운데 어느 것이 더 빨리 떨어지는가를 확인하기 위해 피사의 사탑에 올라가 직접 두 공을 떨어뜨려 보는 것이 아니라, 머릿속에서 생각의 실타래를 논리적으로 풀어서 답을 찾아내는 방법이지요.

　사고 실험의 대가로는 아인슈타인을 꼽습니다. 아인슈타인이 누구입니까? 역사상 최고의 과학자 중 한 사람이지요. 그런 인물이 상대성 이론과 광전 효과 같은 전대미문의 이론을 발견해 내기 위해 아낌없이 사용한 방법이 바로 사고 실험이랍니다.

　광전 효과는 아인슈타인이 노벨 물리학상을 받게끔 해 준

이론이지요. 아인슈타인은 상대성 이론으로는 노벨 물리학상을 받지 못했습니다. 오늘날 레이저, LCD, PDP, 개인용 컴퓨터, 노트북, 휴대 전화는 아인슈타인의 광전 효과 덕분에 만들어질 수가 있었답니다.

한마디로 말해서, 아인슈타인은 사고 실험을 동원해 엄청난 창의적 발견을 이루어 낸 것입니다. 그러니 사고 실험을 즐겨 하면 어떻게 되겠어요? 그래요, 우리에게도 무궁한 창의적 발상이 샘솟게 되는 겁니다.

이제부터 나, 토리첼리가 사고 실험을 할 테니 여러분도 각자의 머릿속으로 열심히 따라해 보세요. 물론, 여러분이 한

과학자의 비밀노트

광전 효과(photoelectric effect)
금속 등의 물질에 일정한 진동수 이상의 빛을 비추었을 때, 물질의 표면에서 전자가 튀어나오는 현상이다. 즉 금속 등의 물질이 고유의 특정 파장보다 짧은 파장을 가진 (따라서 높은 에너지를 가진) 전자기파를 흡수했을 때 전자를 내보내는 현상이다. 이때 그 특정 파장을 한계 파장이라 하며, 그때의 진동수를 한계 진동수라고 한다. 그리고 그 한계 진동수에 플랑크 상수를 곱한 것을 일함수라 일컫는다. 광전 효과는 튀어나온 전자의 상태에 따라 광이온화, 내부 광전 효과, 광기 전력 효과로 나뉜다.
아인슈타인이 이 현상을 빛의 입자성을 가정해 광전 효과를 설명하였으며, 그 공로로 1921년에 노벨 물리학상을 수상했다.

사고 실험과 내가 한 사고 실험의 과정 하나하나가 반드시 똑같지 않아도 됩니다. 중요한 건 비슷한 결과를 도출해 내는 것이고, 그보다 더 중요한 건 다른 결론이 나왔다고 해도 이를 통해 오히려 창의적인 생각의 폭과 깊이가 더욱 넓어지고 깊어진다는 겁니다.

자, 그럼 우리 다 같이 사고 실험 여행을 떠나 보도록 해요.

우물의 깊이는 10m가 변곡점(굴곡의 방향이 바뀌는 자리를 나타내는 곡선 위의 점)으로 보여요.

10m를 경계로 해서 지하수가 올라오고 못 올라오고가 결정되기 때문이에요.

그러면 그 기준이 왜 꼭 10m 남짓이어야만 할까요?

지역에 따라, 우물의 모양에 따라, 우물 속의 물이 많고 적음에 따라 지하수가 올라오는 기준이 달라진다고 생각할 수도 있을 겁니다. 예를 들어, 어떤 곳은 물이 바닥나서 우물의 깊이가 1m만 넘어도 지하수가 지상으로 올라오기 어려울 것처럼 보이고, 또 어떤 곳은 넘치듯 물이 많아서 깊이가 20m가 넘어도 지하수가 지상으로 잘 올라올 수 있을 것 같기도 합니다.

그래요. 이런 생각대로라면 지하수를 끌어 올릴 수 있는 우물의 깊이를 판단하는 기준은 10m로 못 박을 수 있는 게 아니라 1m가 될 수도 있고, 20m가 될 수도 있습니다. 그러나 이 세상 어느 곳의 우물을 다 검사해 보아도 그 기준은 늘 10m였습니다.

우뚝 서 있는 공기 기둥

지하수를 끌어 올리는 기준은 우물이 있는 장소, 우물의 구조, 그리고 우물 속에 든 물의 양과 전혀 상관이 없습니다.

이것은 전 세계 어느 우물을 살펴보아도 마찬가지입니다. 이로부터 우리는 다음과 같은 생각을 이끌어 낼 수 있습니다.

모든 우물에는 공통으로 작용하는 요인이 있다.

대공이 갈릴레이에게 질문했고, 내 스승이 못다 이루고 나에게 넘긴 우물의 문제를 해결하려면 공통 요인을 찾아야 할 겁니다.

여러분, 사고 실험을 해 볼까요?

이 세상 모든 우물이 지니고 있는 공통 요소를 찾으려면, 우물 내부에 있는 요소뿐 아니라 우물 외부에 있는 요소도 함께 고려해야 할 거예요.

우물 내부에 있는 요소로는 우물 속의 물이 있어요.

우물 외부에 있는 요소로는 우물 밖을 벗어나기만 하면, 온 세상 가득하게 퍼져 있는 공기가 있어요.

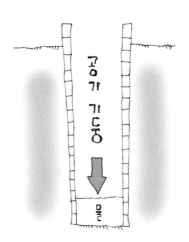

그러나 우물의 내부 요소인 물은 문제가 되지 않아요.

물이 많고 적음은 지하수가 올라오는 데 장애를 일으키지 않으니까요.

그렇다면 남은 것은 공기인데, 공기는 볼 수도 없고 느끼기도 어려워요.

하지만 공기는 활동이 몹시 자유로워요.

그래서 우물 밖에도 존재하지만 우물 안으로도 들어갔다 나왔다를 수시로 반복해요.

우물 속으로 들어간 공기가 내려갈 수 있는 최고 깊이는 지하수가 있는 곳까지예요.

공기는 지하수 표면과 맞닿아 있는 셈이지요.

즉, 지하수 수면 위에서부터 하늘 상층부까지 공기가 이어져 있는 거예요.

이것은 아주아주 기다란 공기 기둥이 지하수 수면 위에 우뚝 서 있는 격이지요.

공기 기둥이 지하수 표면 위에 우뚝 서 있다는 건, 공기가 지하수를 끊임없이 누르고 있다는 뜻이기도 해요. 누른다는 것은 힘이 있다는 뜻이기도 하고요.

그래요, 공기는 힘이 있습니다. 공기 입자 하나하나가 너무 작고 가벼워서, 무게가 없는 것처럼 느껴질 수가 있어요. 그러나 분명한 것은 공기도 하나의 입자이기 때문에, 무게가 있다는 사실입니다. 비록 공기 하나의 무게는 굉장히 적지만요.

공기 기둥이 누르는 힘 1

　공통 요소라고 생각한 두 가지 가운데 물은 관계가 없는 것으로 드러났고, 이제 공기만 남았습니다. 그러니 지하수가 올라올 수 있는 기준에 대한 실마리를 공기에서 찾아야 할 겁니다. 여러분, 사고 실험을 계속해 볼까요?

공기는 무게가 있어요.

이건 힘이 있다는 얘기예요. 아주 적은 무게이고 힘이지만요.

그러나 합치면 무거워지고 힘이 세지잖아요.

공기도 마찬가지예요. 공기 하나하나는 무게와 힘이 보잘것없지만,

여러 개가 모이면 상황이 달라져요.

우리 주변에 공기는 무진장으로 있어요.

감히 그 숫자를 센다는 말을 꺼낼 수 없을 만큼 말이에요.

그래서 공기가 모이면 의미 있는 무게가 되고 힘이 되어요.

그렇다면 지하수 표면 위에 우뚝 선 공기 기둥도 의미 있는 무게가

되고 힘이 될 거예요.

공기 기둥에는 공기가 하늘 상층부까지 죽 연이어 있기 때문이에요.

공기 기둥의 무게와 힘은 아래로 작용해요.

중력의 영향을 받기 때문이지요.

중력은 지구가 중심 쪽으로 잡아당기는 힘이잖아요.

아래로 작용한다는 건 누른다는 뜻이에요.

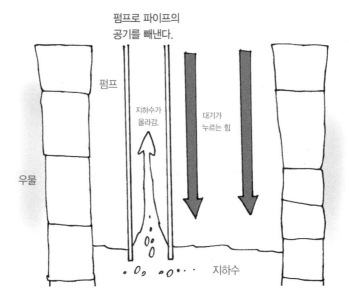

펌프로 파이프의
공기를 빼낸다.

펌프

우물

지하수가
올라감.

대기가
누르는 힘

지하수

공기 기둥이 지하수 표면을 누르고 있는 거예요.

공기 기둥에는 공기 입자가 무수히 들어 있으니, 누르는 힘도 적지 않을 거예요.

공기 기둥의 누르는 힘은 지하수에는 압력이 될 거예요.

압력을 받으니, 통로가 생기면 그쪽으로 빠져나가려고 하겠지요.

그러니 파이프에 펌프를 연결하고 지하수를 끌어 올리면 어찌 되겠어요?

맞아요, 파이프를 통해 지상으로 끌려 올라올 거예요.

우물 속의 지하수를 끌어 올리는 힘은 지하수 표면 위로 우뚝 서 있는 공기 기둥이 힘껏 누르는 힘입니다. 그러니까 대기 중에 드넓게 퍼져 있는 공기 입자가 지하수 표면을 내리누르고 있기 때문에, 펌프질을 해서 파이프 속의 공기를 빼 놓으면 파이프를 타고 지하수가 자연스럽게 올라오는 거랍니다.

공기 기둥이 누르는 힘 2

나는 이 발견에 무척 뿌듯해했지요. 그러나 여기에서 만족할 수는 없었습니다. 아직 결론이 난 건 아니니까요.

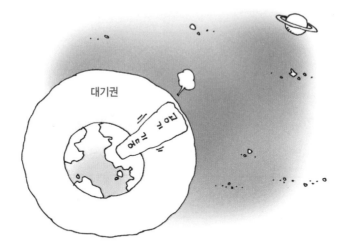

우물의 깊이가 10m를 넘으면 왜 지하수가 끌어 올려지지 않는지를 밝혀야 하는 문제가 남았잖아요.

자, 다 함께 사고 실험을 해요.

공기 기둥은 압력으로 작용해서 지하수를 끌어 올려 주어요.

그러나 그 힘은 무한하지 않아요.

공기 기둥의 힘은 한정되어 있기 때문이에요.

하늘 상층부까지 공기가 이어져 있다고 하지만 공기 기둥이 지구 바깥을 넘어서까지 끝없이 이어지는 건 아니잖아요.

그래요, 공기 기둥이 있는 최고 높이는 지구 대기권 안으로 한정이 돼요.

공기 기둥의 높이가 유한하니, 그 속에는 분명 유한한 양의 공기가 들어 있겠죠?

유한한 양이니 무게도 무한하지 않아요.

공기 기둥의 무게와 힘이 무한하면 지하수를 누르는 힘도 무한할 테니, 우물의 깊이가 얼마이든 상관없이 지하수를 지상으로 끌어 올릴 수 있을 거예요.

힘이 무한해서 압력이 무한해지는데 무엇을 못 끌어 올리겠어요?

그러나 공기 기둥의 무게와 힘이 유한하니, 지하수를 누르는 압력

공기 기둥의 무게는 우물 속 지하수를 10m 남짓 높이만큼만 끌어 올려 줄 수 있지요.

도 유한할 거예요.

그러니 지하수를 끌어 올리는 높이에도 한계가 따를 거예요.

그래요, 이젠 알았어요. 우물의 깊이가 10m를 넘으면, 왜 지하수를 지상으로 끌어 올릴 수 없는지를요.

그건 바로, 공기가 누르는 압력이 지하수를 10m까지만 끌어 올릴 수 있을 만큼의 힘이기 때문이랍니다. 공기 기둥 속의 공기가 압력을 행사해서 지하수를 끌어 올릴 수 있는 높이는 10m가 한계란 뜻입니다.

대공의 우물 깊이가 얼마였지요?

그래요, 10m보다 깊은 13m였어요. 그러니 지하수가 지상으로 올라오지 못하는 건 당연하겠지요.

선생님, 왜 우물은 깊이가 10m가 넘으면 물이 나오지 않나요?

그 이유는 내 스승인 갈릴레이도 알아내지 못했지요. 하지만 내가 그 답을 찾아냈죠.

어떻게요?

여러 군데 우물을 파 본 결과 기준은 늘 10m였기 때문에 나는 다음과 같은 생각을 유추했습니다.

우물의 내부 요소인 물은 장애를 일으키지 않으니까, 외부 요소인 공기가 그 답이라고 생각했지요. 즉 물 표면부터 공기 기둥이 지하수를 누르고 있는 겁니다.

공기 기둥이 지하수 표면을 누르고 있다고요?

네. 공기 기둥의 누르는 힘이 지하수에 압력이 돼서, 통로가 생기면 그쪽으로 빠져나가려고 하겠죠. 그러니 펌프를 연결하고 펌프질을 하면 지하수가 지상으로 끌어 올려지지요.

그러나 공기 기둥이 있는 최고 높이는 지구 대기권 안으로 한정되어, 지하수를 누르는 압력도 유한하고, 지하수를 끌어 올리는 높이에도 한계가 따를 거예요.

정말 그렇겠네요.

그렇기 때문에 우물의 깊이가 10m를 넘으면 지하수를 지상으로 끌어 올릴 수 없는 겁니다.

아~, 공기가 누르는 압력이 지하수를 10m까지만 끌어 올릴 수 있을 만큼의 힘이기 때문이란 말이죠?

아리스토텔레스와 진공

아리스토텔레스는 왜 세상에 빈틈이 없다고 했을까요?
세계는 어떻게 구성되어 있는지 알아봅시다.

3

세 번째 수업
아리스토텔레스와 진공

토리첼리가 갈릴레이
이전의 과학자들을 소개하며
세 번째 수업을 시작했다.

아리스토텔레스의 위상

지하수를 지상으로 끌어 올리는 원천은 다름 아닌 공기가
내리누르는 힘이었습니다. 이것이 나, 토리첼리가 알아낸 사
실이지요. 그러면 나와 나의 스승 갈릴레이 이전에는 이 현
상을 어떻게 해석했을까요?

우선, 갈릴레이 이전의 과학을 지배한 사람부터 알아보는
것으로 이야기의 실타래를 풀어 나가겠습니다.

갈릴레이는 오늘날의 과학적 토대를 확고하게 다진 사람입

근대 과학의
선구자

갈릴레이

니다. 그는 상상 수준에만 머물러 있어서 현실과 동떨어진 고대의 과학을 관찰과 실험이라는 방법을 동원해서 올바르게 수정해 놓았지요. 그래서 갈릴레이를 근대 과학을 연 물리학자라고 부르는 것이랍니다.

그렇다면 갈릴레이보다 앞서 과학을 지배한 사람이 있을 겁니다. 바로 철학자로 명성이 자자한 아리스토텔레스입니다.

아리스토텔레스도 엄청난 스승을 두었지요. 나, 토리첼리가 갈릴레이라는 위대한 스승을 둔 것만큼이나요.

소크라테스를 모르는 사람이 있나요? 소크라테스는 공자, 석가모니, 예수와 함께 세계 4대 성인의 한 사람으로 높이 추앙받는 철학자이지요. "너 자신을 알라."는 유명한 말을 남긴 위대한 철학자랍니다. 그런데 돈은 안 벌어 오고 엉뚱한 생각만 한다고 해서 마누라에게 늘 구박당하던 철학자이기도 하답니다. 그래서 자신의 아내를 이 세상에서 가장 유명한 악처로 만들어 버린 철학자이지요.

그런 소크라테스의 제자가 누군지 아세요? 플라톤이에요. 플라톤은 그리스의 아테네에 '아카데미아'라는 학원을 세워서 유능한 학자를 많이 배출해 내었습니다. 그곳에서 공부한 플라톤의 걸출한 제자 중 한 사람이 아리스토텔레스랍니다.

고대 그리스의 학문은 이와 같은 계보 즉 소크라테스, 플라톤, 아리스토텔레스로 이어지는 흐름을 거치면서 완성되었습니다. 이들이 구축한 지식은 서양 사회를 지탱하고 이끄는 튼튼한 밑거름이 되었지요. 물론 오늘날의 과학을 이룬 주춧

소크라테스

플라톤

아리스토텔레스

돌이기도 하고요. 그래서 서양의 역사, 아니 세계의 역사와 과학의 역사를 학습할 때 이들의 학문을 빼놓고 이야기할 수가 없는 것이랍니다.

한때 세계를 손아귀에 넣고 호령했던 알렉산더 대왕의 스승이기도 한 아리스토텔레스는 철학자로서 명성이 자자하지요. 하지만 그는 과학자로서도 그에 못지않은 걸출한 족적을 남겼지요.

빈틈이 없는 아리스토텔레스의 세계

갈릴레이 이전까지, 아리스토텔레스의 말을 거부한다는 건 있을 수 없는 일이었어요. 그의 생각과 말은 그 자체가 진리였지요.

그러한 아리스토텔레스가 본 세상은 빈틈을 허락하지 않는 것이었습니다. 아리스토텔레스와 제자 사이에 오간 다음의 대화를 들어보겠습니다.

아리스토텔레스 세상은 빈틈이 없느니라.
제자 그렇다면 세계는 어떻게 구성되어 있는지요?

아리스토텔레스 네 가지의 물질로 이루어져 있느니라.

제자 어떤 물질들인지요?

아리스토텔레스 흙, 불, 물, 공기이니라.

제자 구체적인 예를 들어 주세요.

아리스토텔레스 네가 서 있는 딱딱한 땅덩이가 바로 흙으로 이루어져 있느니라. 그리고 바다는 물로 이루어져 있고, 바람은 공기로 이루어져 있으며, 가끔씩 하늘에서 번뜩이는 번개나 섬광은 불로 이루어져 있느니라.

제자 지구 너머에는 여러 천체들이 떠 있습니다. 이들은…….

아리스토텔레스 그 천체들도 네 가지 물질로 이루어져 있기는 마찬가지이니라. 뜨거운 열기를 쉴 없이 내뿜는 저 태양을 보거라. 불로 가득한 불덩어리이니라.

제자 그러면 지구와 태양 사이에는 무엇이 있는지요?

아리스토텔레스 허허, 이제야 제대로 된 질문이 나오는구나.
내 제자라면 당연히 그런 의문을 품어야 하지. 천체와 천체
사이의 공간은 아무것도 없는 허허벌판이라고 생각하는 사
람들이 있지만, 그건 잘못된 해석이니라. 그곳은 인간의 감
각으로는 확인이 불가능한 초자연적인 물질로 가득하느니
라.

제자 그렇다면 우주 공간은 네 가지 물질 이외의 새로운 원
소로 가득 차 있다는 말씀이신지요.

아리스토텔레스 그러하느니라.

제자 그것을 무어라 불러야 하는지요?

아리스토텔레스 초자연적인 다섯 번째 물질은 '에테르'라고
부르느니라.

이처럼 아리스토텔레스가 상상한 세상은 빈틈을 허락하지 않는 세상이었지요. 그가 그린 세상을 요약하면 이렇게 됩니다.

지구의 땅덩이가 끝나는 곳, 그러니까 흙이 끝나는 지점부터는 바다가 시작하지요. 바다는 물로 이루어져 있어요.

땅과 바다 위에는 공기가 듬뿍 있어서 바람을 만들지요.

바람이 끝나는 곳부터는 불이 번쩍이는 섬광이나 번개가 도사리고 있지요.

불이 끝나는 너머에는 에테르라는 초자연적인 물질이 빈틈이 없도록 우주를 꼭꼭 채우고 있지요.

이대로라면 우주 어디에도 빈틈이 있어서는 안 되지요.

빈틈이 없다는 건 진공이 없다는 것과 같은 뜻이지요.

그래서 아리스토텔레스는 자신 있게 외쳤답니다.

자연은 진공을 싫어한다!

아리스토텔레스의 진공으로 해석한 펌프질

아리스토텔레스가 과학의 발전에서 차지하는 높은 위치 때문에 '자연은 진공을 좋아하지 않는다'는 말은 자연 현상을 바라보는 하나의 진리가 되어 버렸지요.

또한, 이 논리가 자연 현상을 설명해 주는 것처럼 보이기도 했습니다. 그 대표적인 예가 손으로 펌프질을 해서 물을 끌어 올리는 것이었지요.

　요즘에는 시골에 가도 손으로 직접 펌프질해서 물을 끌어
올리는 걸 찾아보기가 쉽지 않습니다. 그러나 1960년대만 해
도 그러한 광경을 서울 도심 곳곳에서도 쉽게 마주칠 수가 있
었습니다.

　여기서 어떤 사람의 사고 실험을 함께 들어봅시다.

우물에 펌프가 연결되어 있어요.

펌프 손잡이는 펌프 속 실린더와 연결되어 있어요.

펌프 손잡이를 꽉 눌렀어요.

펌프 손잡이와 연결된 고무 실린더가 올라와요.

그러자 실린더 아래로 공간이 생겨요.

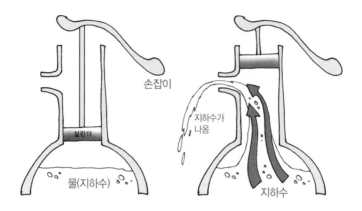

손잡이

지하수가
나옴

실린더

물(지하수)

지하수

그곳에는 아무것도 없어요.

빈 공간인 거예요.

즉, 진공이 만들어진 거예요.

아리스토텔레스가 뭐라고 말했지요?

자연은 진공을 싫어한다고 했어요.

그러니 무엇인가로 펌프 속에 생긴 진공을 채우려고 할 거예요.

펌프 아래에는 지하수가 있어요.

그래요, 답은 지하수예요.

지하수가 그 빈 공간을 채우려고 올라오는 거예요.

그러면서 지하수가 자연스레 펌프 밖으로 흘러넘쳐요.

펌프로 물을 끌어 올린 거지요.

이러한 사고 실험을 한 사람은 물론 아리스토텔레스를 추종하는 사람입니다. 즉, '자연은 진공을 싫어한다'는 논리를 긍정적으로 받아들인 사람이지요. 언뜻 보기에 이 사람의 사고 실험에는 별 문제점이 없는 듯싶어요.

그래요, 여기까지는 아리스토텔레스의 논리를 그대로 적용해도 그다지 문제가 되지 않아요. 그러나 진짜 문제는 다음부터예요.

이번에는 아리스토텔레스의 주장에 반기를 드는 사람의 생각을 들어볼까요?

우물에 펌프를 설치했어요.

그런데 이번에는 지하수까지의 깊이가 앞과는 비교가 안 되게 깊어요.

펌프 손잡이를 잡고 펌프질을 했어요.

펌프 손잡이와 연결된 고무 실린더가 올라와요.

실린더 아래로 진공이 생겼어요.

그런데 지하수가 안 올라와요.

펌프질을 다시 연거푸 해 봤어요.

그러나 지하수가 올라오지 못하는 건 변함이 없어요.

아리스토텔레스의 말대로라면, 진공을 채우기 위해 지하수가 올라와야 해요.

그런데 왜 안 올라오는 건가요?

자연이 진공을 싫어한다는 말이 맞는 건가요?

그래요. 여기서 모순이 생긴 거예요. 우리는 묻지 않을 수가 없어요. 왜 이런 다른 결과가 나왔는가를요.

답은 명료해요. 자연은 진공을 싫어한다는 아리스토텔레스의 견해에 심각한 오류가 있는 거지요. 아리스토텔레스의 생각이 진정 옳다면, 우물의 깊이가 얕든 깊든 상관이 없어야 해요. 그래서 항상 지하수가 콸콸 넘쳐흘러야 하지요.

그런데 결과가 늘 아리스토텔레스의 주장대로 나타났나요? 아니지요. 아리스토텔레스의 이론은, 깊은 우물 속의 지하수가 지상으로 올라오지 못하는 이유를 전혀 설명하지 못해요. 이 의문을 나, 토리첼리가 해결했잖아요.

아리스토텔레스의 생각은 이렇게 바뀌어야 할 거예요.

자연은 반드시 진공을 싫어하는 게 아니다.

뉴커먼의 증기 기관

당시에 지하수를 끌어 올리는 문제는 비단 우물에 한정된 것이 아니었습니다. 탄광에서도 지하수를 끌어 올리는 문제로 골머리를 앓았는데, 그 사정은 대충 다음과 같습니다.

16~17세기에 접어들자, 그때까지 에너지의 동력원이었던 나무가 점점 모자라게 되었습니다. 집과 공장에서 땔감과 에

너지원으로 마구 사용한 탓이지요.

이러다 보니 새로운 에너지원을 찾아야 했는데, 이때 석탄이 나무의 좋은 대안으로 등장하였습니다.

석탄을 이용하려면 우선 석탄을 캐내야 하겠지요. 석탄을 캐내려면 탄광이 활성화되어야 할 겁니다.

그런데 여기서 문제가 발생했습니다. 석탄의 수요가 자꾸만 늘다 보니, 갱도(광산에서 갱 안에 뚫어 놓은 길)를 더 깊이 파 내려가야 했습니다. 그냥 땅 밑으로 갱도만 파 내려갈 수 있으면 특별히 문제 될 게 없습니다. 그런데 갱도를 깊이 파 내려가자 지하수가 새어 나와 갱도에 물이 차는 것이었습니다.

물이 찬 갱도에서 광부들이 작업을 한다는 건 여간 어려운 일이 아니에요. 아니, 거의 불가능한 일이라고 할 수 있겠지요. 그래서 지하수를 뽑아내는 문제가 큰 걸림돌로 등장하게 된 것이지요.

광산에 고인 물을 빼내기 위해 처음에는 값싼 노동력을 이용했습니다. 쇠사슬로 묶은 물통으로 물을 길어서 끌어 올리는 방법이었지요.

그렇지만 이 방법에는 한계가 따를 수밖에 없었습니다. 광산의 깊이가 자꾸만 깊어지니 그에 따라 쇠사슬의 길이도 길어져야 하고, 쇠사슬이 길어진 만큼 무게도 증가한 셈이니 인력도 그에 비례해서 늘려야 했어요. 그러다 보면 물 한 동이 길어 올리려고 갱도 입구에 수백, 수천 명이 모여서 힘을 쓰는 경우가 생겨요.

이건 효율적인 방법이 아니에요. 그러니 어쩌겠어요. 노동력을 대신할 새로운 동력 장치를 생각해야 했지요.

그래서 대안으로 생각해 낸 것이 말이었어요. 말은 사람보다 힘이 세잖아요. 하지만 수를 늘려야 하는 문제는 여기서도 해결되지 못했어요. 사람이 말로 바뀌었을 뿐, 완벽한 대체 수단은 될 수가 없었거든요. 솔직히 수백여 마리 말이 갱도 근처에 우르르 모여 있다고 상상해 보세요. 갱도 입구가 적어도 축구장만큼은 되어야 할 거예요. 실제로, 16세기 중엽 독일의 광산에서는 90여 마리의 말을 이용했고, 17세기 영국에서는 500여 마리의 말을 사용했다는 기록이 남아 있답니다.

생각해 보세요. 갱도 입구가 축구장 크기에 훨씬 미치지 못한다면, 대책 없이 그냥 말의 수를 줄일 건가요? 그러면 힘이 부족해서 물통을 들어 올리지 못할 텐데요. 이뿐이 아니에요. 갱도 깊이가 더 깊다면 어떡하겠어요? 천 마리도 좋고, 이천 마리도 좋다는 식으로 말의 수를 무한정 늘릴 건가요?

아니지요, 이건 적당하지 않은 방법이에요. 그래서 생각해 낸 다음 방법이 생물체가 아닌 무생물체의 힘을 이용하는 것이었어요. 즉, 증기 기관을 이용하는 것이었지요. 증기 기관이란 물을 끓인 수증기로 힘을 내는 기계 장치이지요.

광산의 물을 빼내는 데 증기 기관을 이용한 선구자는 18세기 영국의 뉴커먼(Thomas Newcomen, 1663~1729)이었습니다. 그의 증기 기관은 와트(James Watt, 1736~1819)의 증기

뉴커먼의 증기 기관은 와트의 증기 기관보다 50여 년이나 앞선 것이지요.

기관보다 50여 년 앞선 것이었지요.

뉴커먼의 증기 기관은 실린더와 피스톤을 움직여서 물을
뽑아 올리는 장치였습니다. 이것은 영국의 탄광 지역에 폭넓
게 설치되었고, 18세기 산업 혁명의 불을 붙이는 도화선 구
실을 했습니다.

과학자의 비밀노트

뉴커먼(Thomas Newcomen, 1663~1729)
영국의 기술자이자 증기 기관의 발명자이다. 발명한 뉴커먼 기관은 대기압 기관
이라고도 하였으며, 양수용으로 보급되어 영국의 석탄 산업 발달에 커다란 기여
를 하였을 뿐만 아니라, 증기 기관 발달에도 큰 공헌을 하였다.

뉴커먼 기관 – 보일러에서부터 실린더 안으로 끌어들인 증기로 피스톤을 밀어
올리고, 냉수를 분사하여 대기압으로 피스톤을 밀어 내리는 기관이다. 뉴커먼
이 개발한 것으로, 최초로 실용화된 피스톤 기관이자 최초의 외연 기관
이다. 1712년 버밍엄에 설치한 뒤부터 석탄갱의 배수 장치로 널리 사
용되어 영국의 석탄 산업 발달에 큰 공헌을 하였다.

아리스토텔레스 선생님! 선생님께서 생각하시는 세상은 어떤 모습인가요?

아, 궁금하다면 설명해 드리죠.

물

흙

제가 생각하는 세상의 모습은 지구의 땅덩어리가 끝나는 곳, 그러니까 흙이 끝나는 지점부터는 바다가 시작되고, 바다는 물로 이루어져 있어요.

땅과 바다 위에는 공기가 듬뿍 있어서 바람을 만들지요. 그리고 바람이 끝나는 곳부터는 섬광이나 번개가 있어요.

바람

불

그리고 불이 끝나는 너머에는 에테르라는 초자연적인 물질이 우주를 채우고 있지요.

에테르

이렇게 우주의 어디에도 빈틈이 있어서는 안 됩니다. 빈틈이 없다는 건 진공이 없다는 것과 같은 뜻이지요.

자연은 진공을 싫어한다

네?

그렇다면 우물이 아무리 깊어도 진공을 채우기 위해 항상 지하수가 올라와야 하는 것 아닌가요? 하지만 우물은 깊이가 10m 이상이면 지하수가 솟지 않는걸요.

그건….

4

토리첼리와 수은

유리 대롱을 통해 공기가 물을
누르는 힘에 대해서 알아봅시다.

4

네 번째 수업

토리첼리와 수은

토리첼리가 자신의
두 가지 업적을 이야기하며
네 번째 수업을 시작했다.

유리 대롱 1

나는 대공의 우물 문제를 풀면서 2가지의 큰 업적을 쌓은
거나 마찬가지이지요. 하나는 공기가 지하수를 10m까지만
끌어 올릴 수 있고, 다른 하나는 아리스토텔레스의 진공에
대한 관점에 일침을 가했다는 것이지요.

아리스토텔레스는 무너질 수 없는 거목 같은 존재였어요.
그런 그를 내가 무너뜨린 것입니다. 물론 나의 스승인 갈릴
레이는 수없이 아리스토텔레스의 이론을 무너뜨렸지요. 그

래서 교회의 미움을 사 로마로 불려가 호된 종교 재판을 받았고, 거기에서 받은 충격을 끝내 이기지 못하고 돌아가셨지요.

스승이 나의 발견을 보셨다면 매우 흡족해하셨을 텐데……. 그렇지만 스승이 하늘에서 격려해 주실 거라 믿고 있습니다.

그래서 말인데요, 나는 여러분 앞에서 내 추론이 틀리지 않다는 것을 시현해 보이려고 합니다. 이건 스승의 뜻이기도 할 거라고 생각해요. 왜냐하면 갈릴레이는 이론과 실험이 잘 조화되어야 진정한 과학으로 우뚝 설 수 있다고 하셨거든요. 아무리 멋진 사고 실험을 통해 이끌어 낸 결과라고 해도, 실험으로 입증하지 못하면 아무런 의미가 없다고 보셨으니까요.

펌프를 작동시켜 지하수를 최고로 끌어 올릴 수 있는 높이는 10m 남짓입니다. 나야 이 결과를 당연히 확신하지요.

그러나 눈으로 보지 않았으니 믿을 수 없다는 사람도 있을 거예요. 나는 이 자리에서 여러분이 더는 의심의 눈초리를 보이지 않도록 명백히 확인시켜 주려고 해요. 그러려면 대롱 속으로 물이 10m 남짓까지 올라가는 걸 보여 주면 될 겁니다.

자, 여기서 사고 실험을 해 봅시다.

대롱은 길어야 해요.

물이 10m 남짓까지 오를 테니 10m 이상은 되어야 해요.

그리고 대롱은 투명하면 좋을 거예요.

대롱이 불투명해도 큰 상관은 없어요.

대롱 위로 물이 차오른 것만 보여 주면, 그 정도로도 내 말이 틀리지 않다는 충분한 입증이 되는 셈이니까요.

하지만 물이 대롱 밑에서 대롱 위까지 올라가는 걸 보여 주면 더 생생할 거예요.

투명한 물질이라면, 유리가 있어요.

그래요, 유리로 대롱을 만들면 될 거예요.

10m가 넘는 유리 대롱을 말이에요.

아, 그런데 문제가 있네요.

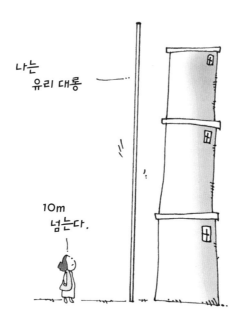

그렇습니다. 유리로 대롱을 만들겠다는 생각까지는 사고의 추리가 좋았어요. 그런데 그만한 대롱을 만들기가 쉽지 않다는 것이 걸림돌이에요. 요즘은 이런 유리 대롱 만드는 것쯤이야 그다지 어려운 일이 아니지만, 당시는 그렇지가 않았어요.

그리고 설령, 그만한 유리 대롱을 제작했다고 해도 문제는 남아요. 10m가 넘는 유리 대롱이라면 적어도 아파트 3층 이상의 높이인데, 평균 키가 2m가 안 되는 우리가 땅에 서서 10m 언저리를 올려다보는 것이 분명 편한 일은 아니지요.

그래요. 유리 대롱은 이러한 난점들을 지니고 있습니다. 하지만 그렇다고 해서 유리 대롱을 안 쓰기도 곤란해요. 이번 실험을 위해서는 유리 대롱만 한 장치가 없으니까요.

유리 대롱 2

유리 대롱을 쓰면서도 그 결과를 좀 더 편하게 관찰할 수 있는 방법은 없는 걸까요?

여기서 다시 사고 실험을 해 보아요.

유리 대롱의 걸림돌은 너무 길다는 것이에요.

그러니 이 문제를 해결하면 될 거예요.

그렇다고 유리 대롱을 무턱대고 중간에서 삭둑 잘라 버릴 수는 없어요.

물이 올라가는 높이가 10m 남짓인데, 그보다 유리 대롱이 짧으면 유리 대롱 꼭대기까지 올라갈 거예요.

그렇게 되면 물이 올라가는 최고 높이가 어디까지인지를 정확히 알

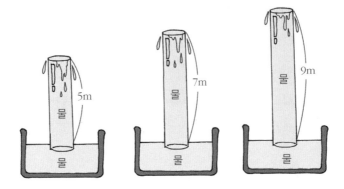

수가 없어요.

그렇다면 물을 다른 것으로 바꾸면 어떨까요?

유리 대롱을 타고 오르는 것이 꼭 물일 필요는 없지 않겠어요?

그래요, 반드시 물일 필요는 없어요.

물이 유리 대롱 위로 올라가는 이유가 무엇 때문이지요?

네, 공기가 누르는 힘이에요.

공기는 물 위에만 존재하는 게 아니지요.

공기는 어디에도 있어요.

그리고 수많은 물질 가운데 공기가 유독 물만 골라서 눌러 주는 것
도 아니에요.

공기는 차별을 두지 않고 지구에 있는 모든 물질을 위에서 콱콱 눌
러 주어요.

그러면 유리 대롱 위로 올라가는 물질은 아무것이나 괜찮을 거예요.

그렇지만 고체나 기체는 이 대상에서 빼야 해요.

고체는 액체나 기체와 달리 흐르는 성질이 없어서 공중으로 떠오르기 곤란하거든요.

기체는 보이지 않을 뿐만 아니라 아무렇게나 마구 움직여서 일정 높이까지 올라가서 멈추지를 못해요.

고체도 기체도 아니라면, 남는 것은 액체예요.

물은 공기가 누른 힘으로 올라간 것이니, 물보다 가벼운 액체는 물보다 더 높이 올라가고, 물보다 무거운 액체는 물보다 낮게 올라갈 거예요.

맞아요. 유리 대롱을 타고 오르는 액체는 물보다 무거운 것이면 되는 거예요!

그러면 물보다 조금 올라갈 테니, 유리 대롱의 길이가 짧아도 충분하겠죠?

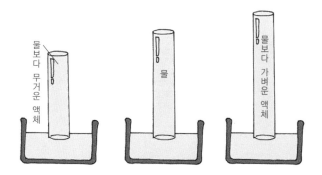

짧지 않은 사고 실험을 한 호흡에 거뜬히 해내는 여러분이
아주 자랑스럽군요.

맞습니다. 유리 대롱을 오르는 액체의 상승 높이는 무게에
반비례한답니다. 액체의 무게가 가벼우면 많이 상승하고, 무
거우면 적게 상승하지요.

사고 실험으로 유리 대롱의 문제를 마무리해 봅시다.

액체의 무게와 액체가 상승하는 높이는 반비례해요.

그러니 물보다 10배 무거우면 상승하는 높이는 $\frac{1}{10}$로 줄 거예요.

즉, 1m 남짓으로 줄어드는 거지요.

그렇다면 물보다 10배 이상 무거운 액체는 상승 높이가 1m가 안
될 거예요.

그런 액체를 사용하면 1m짜리 유리 대롱으로도 충분히 실험이 가
능할 거예요.

물보다 10배 이상 무거운 액체라면 무엇이 있을까요?

그래요, 수은이 있어요.

'무겁다, 가볍다'를 좀 더 엄밀하게 말하면 '밀도가 높다, 낮다'고 표현해요. 수은의 밀도는 물의 13.6배나 됩니다. 13.6배나 무겁다는 뜻이에요. 그래서 수은 속에서는 돌덩이와 쇳덩이마저도 둥둥 뜨잖아요.

유리 대롱과 수은

유리 대롱과 그 속을 올라갈 적당한 액체를 찾았으니, 이제 실험 준비를 해야겠어요. 여기에 길이가 1m이고 한쪽이 막힌 유리 대롱과 수은을 담은 그릇이 있어요.

이제 유리 대롱을 수은을 담은 그릇에 넣기만 하면, 결과가 바로 나타날 거예요. 그러나 실험 결과를 알아보기 전에, 그 결과를 사고 실험으로 먼저 예측해 보아요.

수은의 밀도는 물보다 13.6배가량 높아요.

그러니 상승하는 높이는 물의 $\frac{1}{13.6}$로 줄 거예요.

물이 10m가량까지 올라가니, 10m의 $\frac{1}{13.6}$은 74cm 남짓이에요.
그래요, 수은은 이 언저리까지만 상승하게 될 거예요.

수은이 올라가는 정확한 높이는 76cm입니다. 그런데 앞에서 계산한 값은 74cm 남짓이지요. 결과가 이렇게 나온 것은 물이 상승하는 높이를 10m로 어림잡아 계산했기 때문이에요. 물이 상승하는 정확한 높이는 1,030cm가량입니다. 이 값의 $\frac{1}{13.6}$은 76cm가량이지요.

이제 실험 결과를 눈으로 직접 확인하는 일만 남았네요. 아, 그런데 실험에 들어가기 전에 한 가지 말해 둘 게 있어요. 여기서 사용하는 유리 대롱은 양쪽이 다 뚫린 것이 아니라, 한쪽이 막힌 유리 대롱이라는 데에 주목해야 해요.

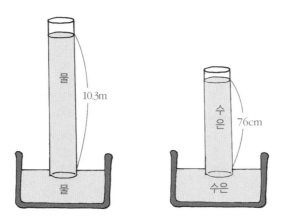

펌프질을 해서 액체를 끌어 올리려면 유리 대롱 양쪽이 모두 다 막혀서는 안 돼요. 하지만 가는 유리 대롱에 펌프를 연결하고 피스톤을 넣는 것이 쉬운 일이 아닌 데다가, 자칫 잘못하면 유리 대롱이 깨질 위험이 있어요. 유리 대롱은 쇠로 만든 펌프와 분명 재질이 다르니까요. 그래서 한쪽이 막힌 유리 대롱을 사용하는 거예요.

유리 대롱에 수은을 가득 담고 마개를 막은 상태로 수은을 담은 그릇에 거꾸로 뉘어요. 그러고는 마개를 뽑으면 어떻게 되겠어요?

마개를 뽑기 전까지 수은은 유리 대롱 속에 꽉 찬 상태여서 수은의 높이는 유리 대롱과 같은 1m 남짓일 거예요. 이것은 우리가 예상한 수은의 높이보다 높은 수치예요. 그러니 우리

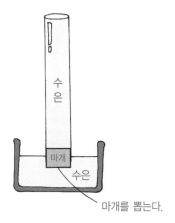

마개를 뽑는다.

예상대로라면, 수은이 공기가 누르는 힘과 맞먹는 높이까지 유리 대롱을 타고 내려와야 할 거예요. 76cm까지 말이에요.

자, 실험을 해 보겠어요. 예상대로 수은이 유리 대롱을 따라 아래로 내려오고 있어요. 그러고는 76cm가 되자, 더 이상 내려오기를 멈추네요. 내 말이 틀리지 않다는 명백한 증거이지요.

유리 대롱 위에는 20cm 남짓한 빈 공간이 생겼어요. 이곳은 원래 수은이 가득 차 있던 자리였어요. 그랬던 곳이 수은이 밀려 내려오면서 아무것도 존재하지 않는 빈 공간이 된 거예요. 즉, 진공 상태가 된 것이에요. 그래서 이 공간을 내 이름을 따서 토리첼리의 진공이라고 부른답니다.

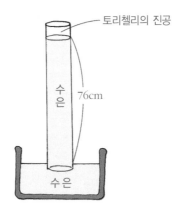

토리첼리의 진공

수은

76cm

수은

지금부터 실험으로 내 추론이 틀리지 않는다는 것을 보여 주려고 해요.

그러면 대롱 속으로 물이 10m 남짓까지 올라가는 것을 보여 주시겠네요.

10m가 넘는 유리 대롱을 이용해서 대롱 위로 물이 차오르는 것을 보여 주면 되겠지요?

하지만 유리 대롱이 너무 길어서 만들 수 있을까요?

그래서 물을 다른 것으로 바꾸려고 해요. 물보다 무거운 액체는 물보다 조금 올라갈 테니 유리 대롱의 길이가 짧아도 충분하지요.

그러면 되겠네요.

물보다 무거운 액체 / 물 / 물보다 가벼운 액체

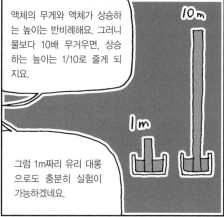

액체의 무게와 액체가 상승하는 높이는 반비례해요. 그러니 물보다 10배 무거우면, 상승하는 높이는 1/10로 줄게 되지요.

그럼 1m짜리 유리 대롱으로도 충분히 실험이 가능하겠네요.

10m / 1m

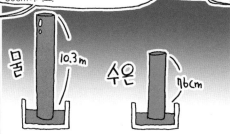

'무겁다, 가볍다'를 좀 더 엄밀하게 표현하면 '밀도가 높다, 낮다'가 되지요. 수은의 밀도는 물의 13.6배이므로 수은이 상승하는 높이도 1/13.6로 줄 거예요. 그리고 물이 상승하는 정확한 높이는 10,30cm이지요.

그럼 수은이 올라가는 높이는 물의 1/13.6인 76cm가 되겠네요?

물 / 10.3m / 수은 / 76cm

수은이 공기가 누르는 힘과 맞먹는 높이인 76cm까지 유리 대롱을 타고 내려오다 멈췄어요. 실험이 대성공이에요.

유리 대롱 위에 20cm 남짓한 진공 상태가 생기는데, 이 공간을 내 이름을 따서 '토리첼리의 진공'이라고 한답니다.

토리첼리의 진공 / 수은

대기압과 고도

고도가 높을수록 대기의 양은 어떻게 될까요?
고도와 대기압의 관계에 대해 알아봅시다.

5

다섯 번째 수업

대기압과 고도

토리첼리가 대기와
대기압에 대한 이야기로
다섯 번째 수업을 시작했다.

대기와 대기압

땅 위에는 공기가 가득해요. 지표 위에 쌓여 있는 이러한 공기를 일컬어 대기라고 불러요. 그리고 지구 대기가 누르는 힘을 대기 압력이라고 해요. 대기 압력은 줄여서 대기압이라고 부르지요.

지구에 대기압이 있다는 것을 알아낸 사람이 누구지요?

그래요, 바로 나 토리첼리입니다.

지하수를 끌어 올리는 힘의 원천이 지구의 대기압이고, 그

것이 미치는 범위가 물은 10.3m, 수은은 76cm까지란 걸 내가 알아냈잖아요. 대기가 눌러 주는 이만큼의 힘을 1기압이라고 정의해요. 즉, 1기압은 물기둥은 10.3m, 수은주는76cm까지 끌어 올리는 압력입니다.

1기압＝물기둥을 10.3m까지 끌어 올리는 압력

＝수은주를 76cm까지 끌어 올리는 압력

대기의 구성

지구 표면을 둘러싸고 있는 공기의 층을 대기권이라고 합니다. 대기권이란 대략 지상 1,000km까지의 공간을 뜻하지요. 공기 입자들은 이 공간 안에서 지구를 에워싸고 있는 것이에요.

공기 입자들은 다양한 원소로 구성되어 있습니다. 이 가운데 질소와 산소가 대부분을 차지하고 있지요. 이 두 원소가 대기 원소의 99% 가까이를 채우고 있으니, 지구는 질소와 산소의 세상이라고 보아도 무방할 정도랍니다.

그리고 아르곤과 이산화탄소가 현격한 비율 차이로 그 뒤를 따르고 있어요. 지구 대기를 구성하는 대표적인 4개의 원

지구는 질소와
산소의 세상이구면.

소와 그 분포 비율을 적어 보면 다음과 같습니다.

원소	분포 비율(%)
질소	78.1
산소	20.9
아르곤	0.93
이산화탄소	0.03

이 밖에 극히 미량의 비율로 네온, 헬륨, 메탄, 크립톤, 수소, 이산화질소, 크세논, 오존 등이 분포해 있습니다.

그런데 신기한 것은 대기가 이처럼 다양한 기체로 이루어진 혼합물인데도, 지구 어느 지역에서 측정해 보아도 그 비율이 거의 일정하다는 것입니다. 이것은 대류 현상으로 위아래의 공기 입자가 골고루 섞이기 때문이지요.

대기와 중력

지구에는 여러 종류의 기체가 모여 있어요. 그러나 이런 환경과 달리, 달에는 공기가 아주 희박하답니다. 지구와 달의 대기가 이처럼 다른 이유는 중력의 세기에 큰 차이가 있기 때

문입니다.

달의 중력은 지구 중력의 $\frac{1}{6}$ 수준으로 상당히 미약하지요. 달의 생성 초기에는 다양한 공기 분자들이 가득 분포했으나, 중력이 그다지 강하지 못해서 더는 기체 입자들이 붙어 있지 못하고 우주 공간으로 휙휙 날아가 버린 것이랍니다.

기체 입자들은 워낙 가벼워서 약간의 들뜬 상태만 만들어 주어도 천방지축으로 날뛰지요. 우리 주위에서 공기를 이런 상태로 만들어 줄 수 있는 게 무엇이 있을까요? 그래요, 햇빛이 있어요. 태양광선을 받은 공기 입자들은 시속 1,000km 이상의 빠르기로 튀어오르며 마구 움직여 댄답니다.

이 정도면 공기 입자들이 지구를 벗어나는 데 아무런 문제가 없지요. 다만, 지구에선 그것을 중력이 막아 주고 있을 뿐이고, 상대적으로 중력의 세기가 약한 달은 그렇게 마구 날 뛰는 공기 입자들을 잡아 둘 여력이 부족한 것일 뿐이지요. 그래서 달에는 공기가 희박해진 것이랍니다.

대기는 중력과 밀접하게 연관돼 있지요. 여기서 사고 실험을 해 볼까요?

중력은 잡아당기는 힘이에요.

그래서 지구에 있는 물체는 아래쪽으로 끌리는 힘을 받아요.

그러니 중력은 지표에 가까울수록 클 거예요.

지구 대기도 여느 물체와 같이 중력을 받아서 지구 중심 쪽으로 끌려요.

그렇다면 지구의 대기는 공중보다 땅 쪽에 더 많이 깔려 있을 거예요.

다시 말해서, 고도가 높을수록 대기의 양이 현저히 줄어들 거란 말이지요.

여러분도 이와 같은 사고 실험을 했겠지요. 간단하지만, 아주 명쾌하고 훌륭한 추론입니다.

그래요, 지구 중력은 고도에 따라서 달라요. 몇몇 고도와 그 높이에서의 중력 가속도를 적어 보면 다음과 같습니다.

높이(km)	중력 가속도(m/s²)
5	9.81
10	9.80
50	9.68
100	9.53
400	8.70
35,700	0.225
380,000	0.0027

위도가 높을수록 중력이 세지요.

그리고 중력은 지역과 행성에 따라서도 차이를 보여요. 몇 몇 지역과 행성의 중력 가속도를 적어 보면 다음과 같습니다.

지명(위도)	중력 가속도(m/s^2)
북극(북위 90°)	9.832
오슬로(북위 59° 53′)	9.820
도쿄(북위 35° 43′)	9.798
파나마 운하(북위 9° 4′)	9.782
적도(북위 0°)	9.780

행성	중력 가속도(m/s^2)
수성	3.87
금성	8.60
지구	9.80
화성	3.72
목성	22.9
토성	9.05
천왕성	7.77
해왕성	11.0
달	1.67
태양	274

왼쪽 표에 나타난 것과 같이 지구 대기는 고도가 높아질수록 줄어들어요. 그래서 중력의 영향 때문에, 지구 대기의 99%가 지상 30km 이내에 모여 있답니다. 지구의 대기권은 1,000km이지만, 30km 이상부터는 대기가 거의 존재하지 않는다고 봐도 무방한 겁니다.

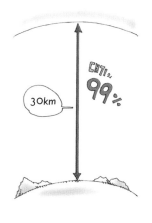

지구 대기의 대부분은 지상 30km 이내에 존재한다.

이것은 이런 말이기도 합니다.

대기압을 양산하는 공기 기둥의 높이는 30km까지라고 보아도 무방하다.

이렇게 해서 1기압을 정의하는 요소 하나를 더 추가할 수 있게 되었습니다.

1기압 = 물기둥을 10.3m까지 끌어 올리는 압력

= 수은주를 76cm까지 끌어 올리는 압력

= 지상 30km까지 쌓여 있는 공기 기둥이

내리누르는 압력

1기압은 1,013hPa

방송에서 일기예보를 듣거나 신문에서 기상도를 볼 때면, hPa(헥토파스칼)라는 단어를 접하게 됩니다. hPa은 대기압을 나타내는 단위이지요. 1기압은 다음과 같이 나타낼 수 있습니다.

1기압 = 1,013hPa

이런 관계가 어떻게 나온 걸까요? 이에 대해서 알아보도록 하겠습니다.

물체가 내리누르는 힘은 이렇게 구하지요.

물체의 밀도 × 중력 가속도 × 높이 …… (1)

그러므로 76cm 높이의 수은주가 내리누르는 힘은 (1)에 따르면 이렇게 되겠지요.

수은의 밀도 × 중력 가속도 × 76cm …… (2)

단위를 맞춰 (2)에 수은의 밀도와 중력 가속도를 대입하고 계산해서 정리하면, 1,013hPa이란 결과가 나오지요.

76cm 높이의 수은주가 내리누르는 힘이 무엇이지요?

그래요, 1기압입니다. 그래서 1기압은 1,013hPa가 되는 것이랍니다.

이렇게 해서 1기압이 하나 더 늘게 되었어요.

1기압 = 물기둥을 10.3m까지 끌어 올리는 압력

= 수은주를 76cm까지 끌어 올리는 압력

= 지상 30km까지 쌓여 있는 공기 기둥이
　　내리누르는 압력

= 1,013hPa

대기압을 표시하는 단위에는 파스칼(Pa), 토르(torr), 밀리바(mb)도 있습니다. 기압의 연구에 공헌한 파스칼과 나의 업적을 기리기 위해서 단위에 이름을 붙여 준 것이랍니다.

과학자 파스칼

내가 대기압을 발견했다는 소식이 프랑스의 파스칼에게 전

해졌습니다. 여기에서 말하는 파스칼(Blaise Pascal, 1623~1662)
은 《명상록(팡세)》으로 유명한 그 파스칼입니다.

과학 시간에 왜 난데없이 파스칼이 나오느냐고 반문하는
사람이 있을지 모르겠으나, 파스칼의 실제 직업은 문학가가
아니랍니다. 그는 훌륭한 수학자이며, 걸출한 과학자였지요.

파스칼은 물리학과 수학 분야에서 탁월한 업적을 다수 남
겼는데, 유체 역학에서 중요하게 다루는 파스칼의 원리와 확
률론은 그중에서도 특히 두드러진 업적입니다. 더불어서 그
는 오늘날의 컴퓨터 전신이라고 볼 수 있는 계산기를 손수 만
든 공로로, 컴퓨터 프로그래밍 언어 가운데 '파스칼'이란 자
신의 이름을 올려놓기도 하였답니다.

파스칼의 실험 1

파스칼이란 이름을 왜 과학에서 언급하느냐고 말하는 사람이 이제부턴 없으리라 보고, 파스칼이 대기압 분야에서 이룬 업적이 무엇인지 알아보도록 하겠습니다.

파스칼은 내가 밝힌 사실을 꼼꼼히 살폈습니다.
'아, 공기가 이런 비밀을 감추고 있다니!'
파스칼은 흥분을 감추지 못했습니다.
'역시 자연은 신비로운 존재로구나!'
파스칼은 조용히 자신의 생각을 가다듬었습니다. 그러고는 사고 실험을 했습니다.

우리는 공기를 느끼지 못해요.
하지만 한시도 공기의 압력을 받지 않으면서 살아갈 수는 없어요.
이것은 토리첼리의 발견으로 확고부동해졌어요.
토리첼리는 대기압을 알아낸 거예요.
토리첼리의 발견대로라면, 지상에서부터 하늘까지 공기 기둥이 우뚝 서 있는 격이니, 높은 곳일수록 그 위로 쌓인 공기 기둥은 짧을 거예요.

이 말은 위로 갈수록 공기가 희박해진다는 뜻이에요.

공기가 희박해지면, 내리누르는 힘이 약해질 거예요.

대기압이 작아진다는 뜻이지요.

다시 말해서, 지상의 대기압이 산 정상의 대기압보다 강하다는

의미예요.

　　수학으로 다져진 논리 정연함이 그대로 묻어나는 깔끔한
사고 실험이군요. 파스칼의 이런 추론이 정말 맞을까요? 틀
리지 않다면 대기압에 대한 나, 토리첼리의 발견은 파스칼의
표현대로 확고부동해지는 거지요.

파스칼의 실험 2

파스칼은 자신의 사고 실험 결과를 검증해 보기 위해서 즉각 실험에 나섰습니다. 파스칼은 한쪽이 막힌 유리관 몇 개와 수은, 그리고 수은을 담을 그릇을 준비했습니다. 그리고는 실험 장소로 교회를 선택했습니다. 교회에서 가장 고층인 교회 탑은 마을에서 가장 높은 곳이기도 했습니다.

파스칼은 실험에 들어가기 전에 마무리하듯이 다시 한번 사고 실험을 했습니다.

교회 탑은 교회를 지은 땅 위에 있어요.

땅과 교회 탑 사이에는 분명한 높이 차가 있어요.

그러니 땅에 쌓인 공기 기둥과 교회 탑에 쌓인 공기 기둥은 길이에 차이가 있어야 해요.

교회 탑 위로 쌓인 공기 기둥이 더 짧다는 말이에요.

이것은 교회 탑에 쌓인 공기가 더 적다는 뜻이기도 해요.

즉, 대기압에 차이가 생긴다는 말이에요.

교회 탑에서 잰 대기압이 더 약해야 한다는 의미이지요.

파스칼은 나, 토리첼리가 한 대로 실험을 했습니다. 우선

땅의 대기압을 측정했습니다. 한
쪽이 막힌 유리관에 수은을 가득
채운 다음, 수은을 담은 용기에
그 유리관을 거꾸로 넣고
는 수은이 내려온 높이를
정확히 기록했습니다. 그
런 다음에 교회 탑으로 올라
가서 같은 식으로 실험을 했
습니다.

그런데 이게 웬일입니까?
땅과 교회 탑에서 잰 수은
기둥의 높이에 별 차이가
생기지 않은 것이었습니다.

'왜 이런 결과가 나온 거지?'

파스칼은 원인을 캐묻기 시작했고, 이내 답을 찾아내었습
니다.

'그래, 원인은 교회 탑이 그다지 높지 않다는 데 있었어.'

그렇습니다. 지상과 교회의 탑은 서로 분명히 높이 차이가
있어요. 그러나 이 정도로는 대기압의 차이를 구별하기가 쉽
지 않지요. 현대의 최신식 정밀 기압 측정기라면 몰라도 파

스칼이 실험에 동원한 기기로는 이 측정값이 오차인지, 실질적인 기압의 차이인지를 구별하기가 몹시 어려웠던 것입니다.

그래서 파스칼은 고도차가 확실한 곳을 물색했고, 자신의 고향 집이 있는 클레르몽페랑의 화산인 퓌드돔(puy-de-dome)을 실험 장소로 선택했습니다.

하지만 이 무렵의 파스칼은 몸이 좋지 않은 상태였습니다. 그래서 자신이 직접 산을 오르며 실험할 수 있는 여건이 아니었습니다. 파스칼은 친지에게 실험을 대신해 줄 것을 간곡히 부탁했고, 그는 흔쾌히 수락했습니다.

그는 산 어귀에서 토리첼리의 실험을 했고, 수은의 높이를 측정했습니다. 그러고는 산 중턱과 봉우리에서도 어귀에서

했던 방식대로 토리첼리의 실험을 반복했습니다. 결과는 파
스칼이 사고 실험으로 한 예측대로였습니다.

교회 탑의 경우와 달리, 퓌드돔의 경우는 산 어귀와 정상의
고도 차이가 확실하게 나는 탓에 실험 오차를 감안하고도 충
분한 대기압 차이를 확인할 수가 있었던 겁니다. 유리관 속 수
은의 높이는 고도가 높아짐에 따라서 낮아진 것이었습니다.

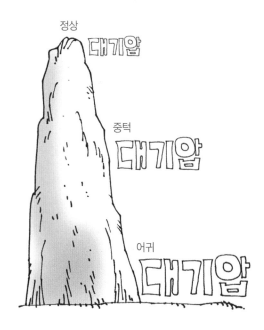

퓌드돔 어귀의 대기압 > 퓌드돔 중턱의 대기압 > 퓌드돔 정
상의 대기압

이렇게 해서 고도가 높아질수록 대기가 희박해지고, 대기압이 약해진다는 사실이 확고히 입증된 셈이랍니다.

대기압과 비행기

파스칼이 살던 시대에 고도와 대기압의 관계는 그다지 중요한 의미를 갖지 못했습니다.

"고도가 높으면 어떻고, 대기압이 떨어지면 어떻습니까. 그게 우리가 사는 것하고 무슨 연관이 있겠습니까?"

그랬습니다. 파스칼과 동시대의 삶을 산 일반인들에게 고

도와 대기압 사이의 관계는 관심 대상이 될 요소가 아니었습니다. 고도와 대기압 사이의 관계를 안다고 해서, 빵이 나오는 것도 아니었고, 밥이 나오는 것도 아니었으니까요.

그러나 20세기에 들어와서 상황은 급격히 달라졌습니다. 파스칼의 시대에는 하늘을 나는 존재가 새들뿐이었습니다. 그러나 현대에는 새들과 함께 인간이 하늘을 훨훨 날고 있습니다. 새들보다 더 높이 떠오르고, 더 빨리 움직이는 비행기를 타고서 말입니다.

그래서 파스칼의 시대에는 그저 과학적인 발견으로서만 의미를 가질 수 있었던 고도와 대기압 사이의 관계가 현대에 와서는 우리의 삶과 직접적인 연관이 있는 요소가 된 것입니다.

고도와 대기압 사이의 관계는 비행기를 제작하는 데 둘도 없이 중요하게 고려해야 하는 사항이지요. 10km 상공의 대기압은 0.26기압 남짓입니다. 비행기가 이 고도에 이르면 기체의 내부 압력을 0.89기압 정도로 떨어뜨립니다. 그래서 1기압에 익숙해 있던 승객들은 환경에 적응하는 데 애를 먹게 됩니다. 그런데도 비행기는 왜 내부의 기압을 1기압 이하로 떨어뜨릴까요?

우리 다 같이 사고 실험으로 이 답을 찾아볼까요?

지상의 대기압은 1기압이에요.

그리고 1만 m 상공의 대기압은 0.26기압 정도예요.

지상보다 0.74기압가량 대기압이 약해진 거예요.

이 고도에선 대기압이 누르는 힘도 상당히 약할 거예요.

그래서 이 높이에선 비행기도 약한 대기압을 느끼게 되어요.

지상에선 1기압의 힘이 비행기를 눌렀으나, 이 고도에선 0.26기압
의 힘이 비행기를 누른다는 뜻이에요.

그런데 비행기의 내부 압력을 1기압으로 유지하면 어떻게 되겠어
요?

비행기의 내부 압력이 바깥 압력보다 월등히 강하니, 비행기 안에
서 바깥쪽으로 밀어내는 힘이 작용할 거예요.

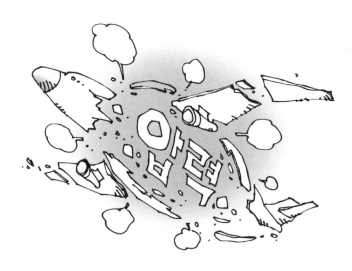

그것도 아주 크게 말이에요.

이렇게 작용하는 힘은 비행기 동체를 바깥으로 밀어내는데, 이것이 강하면 어떻게 되겠어요?

비행기 동체에 무리가 갈 거예요.

약한 금속으로 동체를 만들었다면 밀어내는 힘을 견디지 못하고 틈이 생기거나 금이 갈지도 몰라요.

이런 일이 일어나선 절대 안 될 거예요. 대형 사고로 이어질 테니까요.

그러니 어떻게 하면 좋을까요?

비행기의 내부 압력을 약간 줄이면 될 거예요.

그러면 비행기 동체에 무리가 가지 않을 테니까요.

그렇습니다. 외부의 대기압이 충분히 낮아졌는데도 비행기의 내부 압력을 높은 상태로 계속 유지하려면, 동체가 부서지지 않도록 두꺼운 금속으로 제작해야 할 거예요. 두꺼운 금속으로 비행기를 제작하면 비행기가 무겁겠지요. 무거우면 연료 소모가 많습니다. 이건 낭비예요.

이런 경제적 비효율성을 줄이기 위해 10km 상공에서 비행기의 내부 압력을 0.89기압 정도로 내리는 것이랍니다. 이렇게 하면 비행기의 동체가 파손될 위험성도 줄고, 동체를 제

작하는 금속도 얇고 가벼운 것을 쓸 수 있어서 경제적인 효과
가 적지 않아요.

　그뿐만이 아닙니다. 비행기의 무게가 가벼워진 셈이니 날
아오르기는 한층 수월해지고, 반대로 에너지 소모는 한결 줄
어들 거예요.

　하지만 그렇다고 해서 비행기의 내부 기압을 마구 떨어뜨
리는 건 좋지 않아요. 0.89기압은 사람의 몸이 견딜 수 있는
수준이지만, 이 이하로 기압을 낮추면 인체가 버거워해요.
비행기의 내부 기압이 0.7기압 수준으로 내려가면 인체는 매
우 위험해져요. 그런 상황에 대비해서 항공기는 산소 마스크
를 준비하고 있답니다.

만화로 본문 읽기

내가 이번에 달까지 우주여행을 하고 왔는데 말이지. 글쎄 진짜 토끼들이 방아를 찧고 있잖아. 깜짝 놀랐지 뭐야.

흠, 글쎄요. 달에는 공기가 희박해서 토끼가 살기 힘들 텐데….

지구에는 여러 종류의 기체가 모여 있지만, 달은 지구보다 중력이 작아 공기를 잡아 두기 힘들어 공기가 아주 희박한데 어떻게 토끼가 살 수 있을까요?

주… 중력?

달의 중력은 지구 중력의 $\frac{1}{6}$ 수준으로 상당히 약합니다. 그래서 기체 입자들이 붙어 있지 못하고 우주 공간으로 휙휙 날아가 버린 것이죠.

달

기체 입자들은 가벼워서 약간의 들뜬 상태만 만들어 주어도 천방지축으로 날뛰는데, 여기에 태양빛까지 받은 공기 입자들은 시속 1,000km 이상의 빠르기로 튀어오르며 마구 움직이지요.

그렇게나 빨리요?

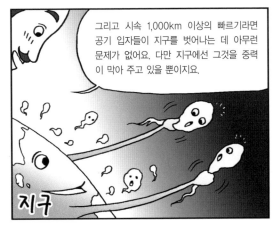

그리고 시속 1,000km 이상의 빠르기라면 공기 입자들이 지구를 벗어나는 데 아무런 문제가 없어요. 다만 지구에선 그것을 중력이 막아 주고 있을 뿐이지요.

지구

그래서 상대적으로 중력이 약한 달에서는 마구 날뛰는 공기 입자들을 잡아 두기가 힘들어 공기가 희박해진 것이지요.

아, 그… 그러고 보니 토끼들이 산소 마스크 같은 걸 하고 있었던 것 같기도 하고….

6

산과 대기압 1

높은 산을 오를 때 나타나는 현상,
고산 증세에 대해 알아봅시다.

6

여섯 번째 수업

산과 대기압 1

토리첼리가 고도에 따른
기압 차이에 대해 이야기하며
여섯 번째 수업을 시작했다.

대기압과 인체 반응

고도가 변화하면서 기압 차이가 생긴다는 사실이 명명백백
해졌습니다. 그러니 높은 산일수록, 산 어귀와 산 정상 사이
의 기압 차이는 더욱 뚜렷해질 겁니다. 에베레스트와 같은
고산이 대표적인 예가 되겠지요.

그러면 히말라야에 있는 여러 고산을 등반하기 위해서는
무엇보다도 기압 차이를 극복해야 할 겁니다.

그래요, 우리 인체는 지상의 기압에 익숙해져 있습니다.

즉, 1기압 상태에 익숙해져 있다는 말이지요. 그래서 높은 곳에 오르면 낮은 기압 탓에 우리 인체가 이상 반응을 보이게 된답니다.

이런 증상은 굳이 히말라야의 고산을 오르지 않아도 경험할 수 있습니다. 강원도의 대관령만 넘어도 그 증상이 뚜렷하게 나타나니까요.

대관령 중턱에 이르면 귀가 먹먹해지지요. 이것은 기압 차이 때문에 평형을 찾지 못한 공기 입자들이 고막을 때리면서 생기는 자연스러운 현상이에요. 그러니까 기압이 다른 두 부류의 공기 입자들이 고막을 사이에 두고 대기압의 평형을 찾기 위해 분주히 충돌하면서 나타나는 반응이라는 겁니다.

이것은 온도가 다른 두 물을 섞는 과정에서 벌어지는 상황과 다르지 않다고 보면 됩니다. 더운물을 담은 컵에 찬물을 섞으면, 온도가 평형을 찾을 때까지 물 입자들이 서로 혼합되지요. 찬물 입자와 더운물 입자가 평형 온도를 찾을 때까지 서로 섞이면서 무수히 충돌하는 겁니다.

귀가 먹먹해지는 이유도 이처럼 대기압이 평형을 찾아가는 과정 중에 발생하는 인체의 반응입니다. 그러면 대기압의 차이는 귀가 먹먹해지는 현상을 낳는 것에만 그칠까요?

물론, 아닙니다.

대관령을 넘을 때 다른 곳은 별 이상을 느끼지 못하고 그저 귀만 먹먹해지는 이유는 인체의 다른 장기가 그 정도의 대기압 차이에 견딜 만하다는 방증입니다. 즉, 인체의 여러 기관 중 고막이 가장 먼저 민감하게 반응할 뿐인 것이지요.

더 높은 곳에 올라서 더 큰 기압 차이를 느끼면, 인체의 다른 장기도 뚜렷한 반응을 보입니다. 머리가 어찔하고, 안압이 올라가며, 코피가 나고, 대뇌 혈관이 터질 수도 있습니다. 이러한 대표적인 반응이 고산을 오를 때 느끼는 고산 증세입니다.

고산 증세

설악산이나 한라산 높이의 산은 누구라도 적당한 인내와 끈기만 있으면 오를 수 있습니다. 그러나 높이가 5,000m를 넘어서면 사정은 확연히 달라집니다. 5,000m 이상의 높이부터는 산의 어귀와 정상의 대기압 차이가 현격한 까닭에 인체의 생리 반응이 귀가 멍해지는 정도에서 그치지 않거든요.

우리가 지상에서 느끼는 대기압은 1기압 남짓입니다. 1기압이란 가로 세로 1m인 땅 넓이에 10t의 힘이 걸려 있는 세기입니다.

예상치 못한 엄청난 세기에 놀라셨죠? 우리 인체는 이토록 굉장한 세기의 대기압을 받으면서 살고 있는 것입니다. 이 말은 귀, 코, 입, 허파, 간, 심장, 혈관 등 인체의 모든 기관이

이와 어슷비슷한 대기압에 적응돼
있다는 뜻이기도 합니다.

　그런데 대기압이 갑작스럽게
감소하면 어떻게 되겠어요?

　그렇지요. 두말할 필요 없이 인
체 내 기관이 놀랄 것은 불을 보듯 뻔
한 일이겠죠. 그래서 평소와는 다른 반응이 인체 곳곳에 나
타나는 것입니다. 고산을 오를 때 대기압 차이로 인체가 버
거움을 느끼는 이유입니다.

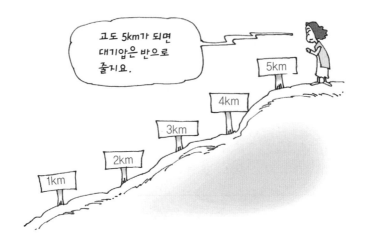

고도 5km가 되면 대기압은 반으로 줄지요.

5km
4km
3km
2km
1km

곳에 따라서 약간의 차이는 있을 수 있겠지만, 평균적으로 대기압은 1,000m 오를 때마다 $\frac{1}{10}$씩 감소합니다. 그래서 고도 5,000m 부근에선 대기압이 지표의 절반으로 뚝 떨어지게 되지요.

대기압이 반으로 감소하면, 그때부터 인체는 본격적으로 버거움을 호소하기 시작합니다. 그래서 이보다 높은 곳에서는 평소와 다른 생리 반응이 빈번히 나타나고, 고소 적응에 상당히 어려움을 겪게 됩니다. 인간이 생리적으로 한계를 느끼기 시작하는 고도가 바로 이 높이지요. 유전적으로 아무리 고소 적응을 잘하게 태어난 민족이라도 5,000m 높이 이상에서 아무렇지 않게 살아가기는 어렵답니다.

고도 5,000m 이상에서는 육체가 버거움을 느끼고, 고산 증세가 본격적으로 나타나기 시작합니다. 사람에 따라 다소 정도의 차이는 있지만, 고산에 오르는 사람은 누구나 현기증, 구토, 멀미, 불면증, 소변 감소, 식욕 감퇴 등의 다양한 증상을 복합적으로 느끼는데, 이걸 흔히 고산병이라고 합니다.

그러면 고도가 높은 곳에서는 왜 이러한 증상을 느낄까요?

인체가 원활한 생리 작용을 하기 위해서는 적정한 산소의 원활한 공급이 절실하지요. 그런데 고도가 높아질수록 공기가 희박해지니, 산소도 그만큼 낮은 비율로 존재하게 됩니다. 그러니 높은 산을 등반하는 사람이 산 정상에 다가갈수록 어떠한 반응을 보일지는 불을 보듯 뻔한 일이겠지요.

대뇌는 정상적인 생리 활동을 이어 가기 위해서 필요한 양만큼의 산소를 보내 줄 것을 긴급히 명령하게 됩니다. 그러면 심장은 산소를 더 많이 흡입해서 늘리려 할 테고, 그것은 결국 심장 박

동 수의 증가로 이어져 숨이 차게 될 겁니다.

이게 바로 에베레스트의 정상을 눈앞에 두고서도 바로 올라가지 못하고, 힘겹게 발걸음을 내딛는 이유인 것입니다.

고산 증세와 헨리의 법칙

그러나 의문의 여지는 여전히 남아 있습니다. 다음과 같이 반박하는 사람이 있을 수도 있기 때문이지요.

"산소가 부족해서 고산 증세가 심각해지는 거라면, 호흡 속도를 늘려서 산소를 빨리빨리 흡입하면 될 게 아닌가요?"

수리적으로 따지자면 이의를 달기 어려운 반박입니다. 부족한 만큼 더해 주면 정량적으로는 아무런 문제가 발생하지

이거 나이다야, 물이야?

나이다!

않을 테니까요.

그러나 이러한 반박은 물리·화학적 이론을 도외시한 비과학적인 주장이랍니다. 온도가 낮고 압력이 높을수록 기체는 잘 녹는답니다. 이러한 예는 청량 음료에서 쉽게 찾아볼 수가 있지요.

뜨거운 사이다는 음료수로서 의미가 없습니다. 왜냐하면 사이다 속 이산화탄소가 훨훨 증발해 버려서 본연의 톡 쏘는 맛을 완전히 잃어버리기 때문입니다. 그냥 맹물을 마시는 것과 별반 다를 게 없지요.

이처럼 사이다 속에 녹아 있는 이산화탄소는 온도가 상승하면 삽시간에 휘익 날아가 버립니다. 이것은 온도가 낮고 기압이 높을수록 기체는 잘 녹는다는 법칙에 의해서 일어나는 자연스러운 현상이지요. 그래서 사이다는 차게 해서 마시는 것입니다.

기체가 좀 더 잘 녹을 수 있는 환경을 정의해 주는 이러한 원리를 헨리의 법칙이라고 부르지요.

헨리의 법칙 : 온도가 낮고 압력이 높을수록 기체는 잘 녹는다.

헨리의 법칙은 청량 음료에만 적용되는 것이 아니라 인체

속 반응에도 유효 적절하게 적용할 수가 있답니다.

에베레스트 정상에서 대기압은 지표의 30% 남짓으로 뚝 떨어집니다. 대기압이 이처럼 정상에 다가갈수록 감소하니 산소로 채워져야 할 허파꽈리의 압력이 어떻게 되겠어요? 대기 중 산소가 적으니 허파꽈리로 들어가는 산소도 줄어들 테고, 산소의 양이 줄었으니 압력도 감소할 겁니다.

압력이 줄면 어떻게 되지요? 헨리의 법칙에 따라서 어떤 현상이 일어나느냐고 묻고 있는 것이에요.

자, 여러분. 우리 함께 이 답을 사고 실험으로 찾아보도록 해요!

헨리의 법칙은 기압이 높아야 기체가 잘 녹는다고 말해요.

고산 지대로 올라갈수록 기압은 약해져요.

그러니 높이 오를수록 기체는 잘 녹지 않을 거예요.

산소도 기체에 포함되니, 고산 지대에선 산소도 잘 녹지 않을 거예요.

산소는 생명을 유지하는 데 필수적인 기체예요.

사람의 허파로 녹아 들어가는 산소가 부족하면 인체 활동이 원활하지 못해요.

그래서 고산 지대에선 산소 부족 현상이 생기는 것이에요.

맞습니다. 혈액에는 적당량의 산소가 늘 녹아 있어야 합니다. 그래야만 헤모글로빈이 대뇌를 비롯한 인체의 여러 기관

고난 증세 때문에 난행을 더 못하겠다.

내려가자.

에 산소를 신속히 공급해 줄 수가 있어요. 그런데 고산 지대에선 대기압이 약해서 산소가 녹기 어렵게 되니 어떻게 되겠어요. 헤모글로빈이 제 구실을 하지 못하게 되고, 결국은 인체의 생리 체계가 본연의 기능을 잃어버리며 혼란에 빠지게 될 거예요.

그래서 고산 지대에서는 그저 호흡하는 횟수만 무조건 늘린다고 해서, 산소를 몸속 곳곳으로 충분히 공급해 줄 수 있는 게 아니랍니다.

산을 오르다가 고산 증세가 나타나면 곧바로 산을 내려와야 합니다. 산을 내려오는 것만큼 고산 증세를 없애 주는 특효약은 없지요. 고산 증세는 산소를 충분히 흡입하면 언제 그랬냐는 듯 사라지거든요.

헉헉. 꼭대기에 올라오니까 몸도 안 좋고 어지러워요.

지상보다 고도가 높은 곳에 올라오면 기압이 감소하는데, 그 차이를 느끼게 되서 몸이 반응을 하지요. 그것을 고산 증세라고 해요.

우리가 지상에서 느끼는 대기압은 얼마나 되는데요?

1기압 남짓이에요. 1기압은 가로 세로 1m인 땅 넓이에 10t의 힘이 걸려 있는 세기지요.

우리가 받는 대기압이 그렇게 무거웠어요?

놀랐지요? 우리 몸은 이토록 강한 대기압에 적응돼 있지요. 그런데 대기압이 갑작스럽게 감소하면 어떻게 될까요? 고도 5,000m 부근에선 대기압이 지표의 절반으로 뚝 떨어진답니다.

대기압 지표의 절반

5,000

대기압이 반으로 감소하면, 그때부터 본격적으로 고산 증세가 나타나지요. 현기증, 구토, 멀미, 불면증, 소변 감소, 식욕 감퇴 등의 다양한 증상을 느끼게 되는데, 이걸 흔히 고산병이라고 해요.

왜 그러한 증상을 느끼는 거지요?

고도가 높아질수록 공기가 희박해지기 때문이죠. 더구나 사람의 허파로 산소가 녹아 들어가야 하는데, 고산 지대에선 대기압이 약해서 산소가 녹기 어렵지요. 그래서 산소 부족 현상이 생기는 거예요.

헉헉

그러면 고산 증상이 나타나면 어떻게 해야 하나요?

산소를 몸속 곳곳으로 충분히 공급해 줘야 해요. 즉 산을 내려오는 것만큼 고산 증세를 없애 주는 특효약은 없답니다.

산과 대기압 2

5,000m 고산 지대에서도
잘 익은 밥을 먹을 수 있을까요?

일곱 번째 수업

산과 대기압 2

토리첼리가 고산을 등반하는
과정을 소개하기 위해
일곱 번째 수업을 시작했다.

베이스캠프 설치 후 한 달

　세계 최고의 봉우리인 에베레스트를 오르는 것은 모든 산
악인들의 꿈이겠지요. 그러나 어찌 그들만의 바람이겠습니
까? 안전하고 편안하게 정상에 설 수만 있다면, 모든 사람이
한번쯤은 그곳에 오르고 싶어 할 겁니다.

　그런 바람에서 이번 수업은 에베레스트와 같은 고산을 등
반하는 과정을 소개하겠습니다.

히말라야의 8,000m급 고봉을 오르는 등정 일정을 보면, 무작정 정상을 향해서 꾸준히 발걸음을 내딛는 것이 아니란 걸 알 수 있습니다.

일단 고도 5,000m 부근에 베이스캠프를 설치하지요. 그러고는 거기서부터 정상까지 도달하는 데 대략 한 달 남짓한 시간이 걸린답니다.

산을 타는 그들의 능력으로 보아 한 달이라는 기간이 얼른 납득이 가질 않습니다. 왜냐하면 베이스캠프에서 정상까지의 남은 높이 3,000m쯤은 최정예 산악인이라고 볼 수 있는 그들의 능숙한 발걸음이라면 아무리 길게 잡는다고 해도 일주일이면 충분히 등반이 가능할 거리이기 때문입니다.

그런데 30여 일에 가까운 기간을 산자락에서 보낸다고 하니 궁금증이 일지 않을 수 없는 겁니다. 더구나 30여 일도 모든 상황이 계획대로 척척 들어맞았을 때 최적의 시간이라고 하니, 고산 등산에 대한 궁금증은 더욱 깊어질 수밖에 없습니다.

에베레스트와 같은 히말라야의 8,000m급 고봉을 오르는 과정에는 대체 어떠한 비밀이 숨어 있는 걸까요?

고산 지대에 살아 본 경험이 없는 보통 사람이 특별한 등반 훈련을 받지 않고 오를 수 있는 최대 높이는 3,000m 미만입니다. 한반도의 최고봉인 백두산의 정상이 2,744m이니 대략 백두산의 정상 정도까지라고 보면 되겠지요. 일반인은 고도 3,000m 이상에선 고산 증세를 느끼기 시작합니다.

물론, 고산 지대 경험이 풍부하고 혹독한 산악 훈련을 한 전문 산악인들은 일반인과 같지는 않습니다. 하지만 그렇다고 해서 그들이 항시 고산 증세로부터 완전히 해방될 수 있는 것은 결코 아니랍니다. 보통 사람들에 비해서 고산 증세를 느끼는 한계 고도가 조금 높고 폐활량이 다소 여유 있다는 점이 차이일 뿐이지요.

세계적인 산악인 중에는 히말라야의 8,000m급 고봉을 무산소 등정한 기록을 갖고 있는 사람이 적지 않습니다. 그렇더라도 5,000m 이상의 고도에선 그들도 어김없이 신체적인 부담을 느끼게 마련입니다. 산소 부족에 따른 신체 압박 증상을 예외 없이 겪는다는 말이지요. 다만, 보통 사람이 2의 고통을 느낀다면, 그들은 그보다 낮은 1.5나 1의 고통을 느낀다는 점이 다를 뿐이지요.

그래서 5,000m 이상의 고도에서는 하루에 500m 이상 전진하기가 어렵답니다. 그렇기 때문에 히말라야의 8,000m급 고봉을 정복하려는 산악인들은 일단 고도 5,000m 근방에다 베이스캠프를 우선 설치하는 것이랍니다.

캠프 1~캠프 4, 그리고 정상 정복

고도 5,000m 지역에다 기본 전진 기지인 베이스캠프를 일단 설치해 놓고, 정상을 향해서 한 걸음 한 걸음 내딛게 됩니다. 하지만 정복하리라는 아무리 굳은 신념을 갖고 산을 오른다고 해도, 신체적인 한계 때문에 누구나 고산 증세라는 벽을 무난히 통과할 수는 없습니다.

그래서 최정예 산악인이라고 해도 고산 증세를 완화시키고 익숙해지기 위해서 베이스캠프를 떠난 후 다시 캠프를 설치하는데, 그 높이가 대략 6,000m 부근입니다. 이 캠프를 '캠프 1'이라고 부릅니다.

캠프 1을 설치한 후에도 다시는 뒤를 돌아보지 않고 고봉을 향해서만 발걸음을 내딛는 과정은 아닙니다. 캠프 1을 설정하고 나서 베이스캠프로 다시 내려가는 것이 히말라야 같은 고봉을 등정하는 일반적인 순서입니다.

그렇다면 궁금증이 일지 않을 수 없습니다. 숨을 헐떡이며 한 걸음 한 걸음 힘들게 내디뎌 올라온 길을 왜 다시 내려가는 걸까요?

캠프 1을 설치하고 그곳에서 잠깐 쉬었다고 해서, 곧바로 고산 증세에 완벽하게 적응할 수 있는 사람은 극히 드뭅니다. 아니, 없다고 단언해도 결코 지나친 말이 아닙니다. 그러니 그 높이의 대기 상황에 적절히 적응할 수 있도록 시간적인 여유를 가져야 합니다.

고산 증세의 최고 특효약은 뭐라고 했지요?

그래요. 내려가서 좀 더 많은 산소에 젖어드는 거라고 했습니다. 그래서 베이스캠프로 내려갔다가 다시 올라오면서 고지대의 환경에 적절히 적응하는 행동을 취하는 겁니다.

이처럼 몇 백 m 오르고 다시 내려갔다가 재차 오르면서 고도에 적응하는 방식으로 6,500m 근방에 '캠프 2', 7,200m 부근에 '캠프 3', 8,000m 지점에 '캠프 4'를 최종적으로 설치한 다음에 정상 정복에 도전한답니다.

　캠프 하나를 설치하고 그곳의 환경에 익숙해지는 데까지 걸리는 시간을 4~5일 남짓으로 잡으면, 베이스캠프에서 캠프 4까지 이르는 데는 대략 20여 일이 소요됩니다. 그러나 이것은 모든 일이 계획대로 척척 이루어졌을 경우를 가정한 아주 이상적인 시간일 뿐입니다. 즉, 기상 상태라든가 대원들의 건강과 장비에 아무런 이상이 발생하지 않는다는 완벽한 전제에 따라 예측한 기간일 따름입니다.

　히말라야의 신은 인간이 다가오는 걸 쉽게 받아들이지 않는다는 말이 있듯이, 고산 정복은 그만큼 변수가 많은 힘겨운 여정입니다. 그러니 최선으로 구상한 완벽한 수순대로 등반 과정이 이루어지리라고 보는 건 너무도 안이한 판단일 겁니다.

　그래서 이러저러한 여러 여건을 두루 고려해서 적정 기간을 산출하는데, 그러면서 등반 기간이 1개월로 늘게 됩니다. 하지만 1개월이란 기간도 결코 길게 잡은 시간은 아니랍니다. 언제 어느 곳에서 예기치 않은 돌발 상황이 발생할지 모르는 것이 고산 등정의 일이거든요.

고산과 밥

　히말라야 같은 고산을 등반하는 산악인이건, 설악산을 등산하는 일반인이건 먹지 않고는 버텨 낼 수가 없습니다. 그

래서 불을 이용해서 조리하는 문제가 산에서도 큰 문제로 발생하는데, 이때 나타나는 재미있는 현상이 있습니다. 산에서 밥을 지으면 설익는다는 것이지요. 아무리 밥을 잘 짓는 주부도 고산에서는 소용이 없습니다. 고산에선 반드시 밥이 설익게 되어 있습니다.

왜 이런 현상이 일어날까요? 그 이유를 사고 실험을 통해서 알아보도록 하겠습니다.

밥이 잘 익으려면 물이 끓어야 해요.

지상에서 물은 100℃에서 끓어요.

물의 온도가 100℃까지 상승해야만 밥이 제대로 익는다는 말이에요.

물이 끓는다는 것은 수증기가 대기압을 이기고 오른다는 뜻이에요.

높은 곳의 대기압은 지상보다 약해요.

그러니 높은 곳에서는 끓는점이 높지 않아도, 수증기가 대기압을 충분히 이길 수 있을 거예요.

대개 70~80℃, 높이가 더 높아지면 50℃에서도 물이 끓을 수 있다는 얘기예요.

이 온도에서 물이 끓으면 밥이 제대로 되지 않을 거예요.

100℃의 끓는 물에서 밥이 익어야 제대로 된 밥맛이 날 테니까요.

이것이 바로 고산에서 밥이 설익을 수밖에 없는 이유예요.

그래요, 고산에서는 밥이 설익게 됩니다. 그러면 높은 산에 올라가선 늘 설익은 밥만 먹어야 하는 걸까요?

물론 아닙니다. 방법이 있지요. 이것도 사고 실험으로 알아 보겠습니다.

여러분, 함께 사고 실험을 해 보도록 해요.

높은 산에서 밥이 설익는 이유는 대기압 때문이에요.

즉, 물이 낮은 온도에서 끓기 때문이에요.

높은 온도에서 물을 끓게 하려면, 낮아진 대기압만큼 압력을 높여 주면 될 거예요.

대기압은 누르는 힘이에요.

그러니 힘껏 눌러 주면 대기압이 높아진 효과를 거둘 거예요.

솥뚜껑 위에 큼직한 돌덩이를 올려놓으면 누르는 힘이 세질 거예요.

돌덩이가 누르는 힘 때문에 솥뚜껑이 잘 열리지 않으니 수증기가

쉽사리 날아가지 못해요.

대기압이 높아진 효과로 물의 끓는점이 높아지는 거예요.

물의 끓는 온도가 상승했으니 밥이 설익지 않을 거예요.

등산을 해 본 사람은 솥뚜껑 위에다 돌을 얹어 놓고 밥을
하는 사람들을 종종 보았을 겁니다. 그걸 보면서 '저 사람들
은 밥도 참 요상하게 하네'라는 의문을 품었을 거예요. 이제
부터 그런 의문은 안 품어도 되겠죠?

등산과 음식 섭취

등산과 음식에 대한 이야기를 간단히 하면서 이번 수업을 마치려고 합니다.

등산은 지구력을 요하는 전신 운동입니다. 장시간에 걸쳐서 에너지를 소모하는 운동이란 말이지요.

높은 산을 오랫동안 등반하려면 힘을 낼 수 있는 에너지원을 충분히 섭취하는 것이 좋습니다. 하지만 등산하면서 고기를 먹는 것은 권장할 사항이 아닙니다. 알다시피, 고지대에선 대기압이 낮아서 산소 섭취가 충분히 이루어지지 않아 신진대사가 원활하게 이루어지지 않지요.

그러니 지방이 평소대로 흡수되기는 어려울 겁니다. 소화가 안 돼 오히려 컨디션만 나빠질 수 있어요. 그래서 육류는 산행을 하기 전에 적당히 섭취해 주는 것이 현명한 방법이랍니다.

쩝쩝, 등산하면서 먹는 고기는 더 맛있을 것 같아요.

대기압이 낮은 고지대에선 산소 섭취가 충분하지 않아 신진대사가 원활하지 않아요. 그러니 소화가 안 돼 오히려 컨디션만 나빠질 수가 있죠.

그렇군요.

선생님, 식사하세요. 밥을 다 지었어요.

앗! 이게 뭐야 밥이 설익었잖아. 넌 밥도 하나 제대로 못하냐!

이상하다…. 집에서처럼 똑같이 했는데 왜 설익었지?

그건 100℃의 끓는 물에서 밥이 익어야 제대로 된 밥맛이 날 텐데, 고산에선 물의 끓는점이 높지 않아서 그런 거예요.

높은 곳에서는 물이 100℃가 안 되어도 끓는다는 말씀이세요?

네. 높은 곳에서는 대기압이 약해서 끓는점이 높지 않아도 끓어요. 그래서 70~80℃, 높이가 더 높아지면 50℃에서도 물이 끓지요.

그럼 높은 산에 올라가선 늘 설익은 밥만 먹어야 하나요?

그렇진 않아요. 낮아진 대기압만큼 압력을 높여 주면 되지요. 솥뚜껑 위에 돌덩이를 올려놓으면 수증기가 쉽게 날아가지 못해 대기압이 높아지고 그러면 물의 끓는점이 높아져서 밥이 설익지 않아요.

잘 알았지? 그럼 새로 한번 지어 봐.

대기압과 황사 현상

대기압의 차이로 나타나는
자연 현상에 대해 알아봅시다.

여덟 번째 수업

대기압과 황사 현상

토리첼리의 여덟 번째 수업은
대기압의 차이로 나타나는
자연 현상에 관한 내용이었다.

고기압과 저기압

대기압은 고도에 따라서 변하지요. 변화는 운동을 낳는답
니다. 그러니 대기압의 차이로 나타나는 자연 현상이 있을
겁니다. 이번 수업에선 이에 대해서 알아보겠습니다.

한국에서 중국의 고비 사막이나 몽골까지는 짧은 거리가
아니지요. 그런데 모래와 황토가 그 먼 거리를 건너 한반도
로 넘어온다고 합니다. 그 과정이 궁금하지 않으세요?

황사 현상은 바람만으로는 가능하질 않습니다. 아무리 강하게 분다고 해도 바람의 힘만으로 지표를 덮고 있는 모래와 황토를 바다 건너에 있는 대륙까지 이동시킬 수는 없답니다. 다른 요인이 추가되어야 하지요.

이때 등장하는 것이 대기의 압력, 즉 대기압 차이입니다. 대기압의 차이로 고기압과 저기압이 생기지요. 고기압과 저기압을 구분하는 기준은 무엇일까요?

__ 1,013hPa입니다.

1,013hPa 이상이면 고기압이고, 그 이하이면 저기압이란 뜻이지요? 1,013hPa라는 단위를 암기한 것까진 좋은데, 이건 올바른 대답이 아니랍니다.

1,013hPa는 몇 기압이지요?

__ 1기압입니다.

그래요. 이 대답대로라면 1기압보다 높으면 고기압이고, 1기압보다 낮으면 저기압이 되겠지요. 이건 마치 1m 이상이면 키가 큰 사람이고, 1m 이하면 키가 작은 사람이라고 못 박는 거나 마찬가지인 셈이지요.

고기압과 저기압은 어떤 하나의 수치에 의해 절대적으로 나누어지는 게 아니라, 대기압의 배치에 따라서 언제라도 변하는 양입니다. 고기압과 저기압은 다음과 같이 정의합니다.

고기압 : 주변보다 대기압이 높은 곳

저기압 : 주변보다 대기압이 낮은 곳

　어느 지역의 대기압이 1,013hPa보다 낮은 990hPa을 가리켜도 근처의 대기압이 990hPa보다 낮으면 고기압이 되고, 어느 곳의 대기압이 1,150hPa을 나타내어도 주변의 기압이 그 이상이면 저기압이 되는 것이랍니다.

황사가 날아오는 근거

고기압인 곳은 기압이 높은 곳이니, 공기가 많이 쌓여 있을 겁니다. 반면, 저기압인 곳은 그렇지 않을 겁니다. 그러니 고기압인 지역은 누르는 힘이 강해서 공기가 아래로 눌리고, 저기압인 지역은 그 반대가 될 겁니다.

여기서 문제를 하나 내 볼게요.

한 지역에 저기압이 형성돼 있고, 그 주위로 고기압대가 둥글게 걸쳐 있어요. 공기는 어디에서 어디로 어떻게 움직일까요?

답은 당연히 사고 실험으로 찾아내야겠지요.

여러분, 우리 모두 사고 실험을 해 보아요.

주위 공기는 기압이 높으니, 아래로 하강하는 힘을 받을 거예요.

이렇게 밑으로 내려간 고기압 공기는 스멀스멀 기듯 지표를 따라서

움직일 거예요.

그러다가 가운데의 저기압 지역에 이를 거예요.

저기압 지역은 공기가 희박하니, 고기압 지역의 강력한 공기 세력

에 떠밀려서 떠오르는 힘을 받아요.

바깥의 고기압 지대에서 안쪽의 저기압 지대로 이동하는 공기는 U

자형의 경로를 그리게 되는 거예요.

이렇게 해서 문제의 답은 일단 찾았습니다. 그러나 여기서

그치는 건 뭔가 빠뜨린 기분이에요. 사고 실험을 이어 가 볼

까요.

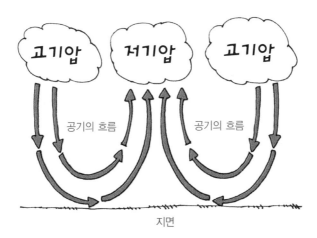

그러니 중국의 고비 사막 지대나 몽골 지역에 이와 같은 기압 배치가 생기면 어떻게 되겠어요?

주위의 고기압 지역에서 밀려 내려온 공기가 지상을 스쳐가며 모래를 쓸어 담을 것이에요.

그러고는 안쪽의 저기압 지역으로 들어가서 상공으로 상승할 거예요. 기름을 만난 불길이 솟구치듯이 말이에요.

모래가 공중에 떴으니, 이때 바람이 가세하면 어떻게 되겠어요?

모래는 바람에 실려 신나게 날아갈 거예요.

바람의 방향이 한반도를 향한다면 한국으로 모래가 날아오는 거예요. 이것이 황사예요.

그렇습니다. 이것이 중국의 고비 사막이나 몽골에서 시작한 황사가 한국까지 오게 되는 과정이랍니다.

상공에 뜬 모래와 황토 입자는 대기 상층부를 지나는 편서풍에 실려서 한반도와 일본 열도에 이르고, 때로는 태평양을 건너서 미국까지 도착하기도 합니다.

모래가 가벼우면 뜨고 나는 데 한결 수월하지요. 길이가 1~1,000㎛의 입자를 모래라고 정의하는데, 한반도와 일본에서 관측되는 황사는 1~10㎛가 주종을 이룬답니다.

황사 현상과 그 역사

"내일은 황사 현상이 나타날 것으로 예측되오니……."

기상 캐스터가 이런 예보를 할 때면 우리는 원망스러운 눈길로 중국을 바라봅니다. 남의 땅에서 날아온 이물질이 우리에게 피해를 준다는 생각 때문이지요.

황사 현상은 다음과 같이 정의합니다.

황사 현상은 사막이나 황토 지대의 모래나 황토가 바람에 쓸려 날아가 먼 곳에 떨어지는 현상이다.

모래나 황토가 넓게 분포해 있는 곳과 그 이웃 지역은 그래서 당연히 황사 현상을 겪게 마련이지요.

하지만 이 현상을 두고 부르는 명칭은 각 나라마다 다르답니다. 한국에서는 누런 모래란 의미로 '황사(黃砂)'라고 하지만, 세계인들은 '아시아 먼지'라고 하지요. 그리고 일본에서는 상층 먼지란 의미로 '코사'라고 합니다. 더불어서 사하라 사막에서 생긴 모래 먼지는 '사하라 먼지'라고 부릅니다.

중국은 한반도와 비교가 되지 않는 혹독한 황사 치레를 겪습니다. 황사의 농도는 발생지에서 가까운 곳일수록 높겠지요. 그래서 중국에서는 뿌연 안개 같은 황사가 아니라 진한 모래 바람이 휩쓸고 지나가는데, 이게 하도 지독해서 모래 폭풍이라고 부를 정도랍니다.

봄이 되면 언론과 방송에서 황사를 이야기하기 때문에 황사 현상이 근래에 생긴 것으로 생각할 수도 있습니다. 그러나 황사 현상의 역사는 꽤나 길지요. 중국의 사서는 서기 300년 무렵부터 황사 현상이 있었음을 기록해 놓고 있지요.

그리고 《조선왕조실록》에도 황사 현상은 나타나는데, 태종 11년에는 14일 동안이나 흙비가 쏟아졌다고 적혀 있고, 성종 9년에는 흙비가 내린 것이 임금이 바르지 못한 정치를 한 때문이라고 씌어 있으며, 숙종 7년에는 흙비로 황토물 자국이

혼탁하기가 이를 데 없다고 기록돼 있습니다.

　이건 어디까지나 기록적인 측면이고, 그 이전에도 황사 현상은 있었습니다. 지질학적으로 황토 지대라는 것이 있습니다. 바람에 실려 날아온 모래와 황토가 굳어서 이루어진 땅을 말합니다. 그러니 이러한 곳이 존재한다는 건 황사 현상이 있었다는 명백한 증거가 되는 것이지요.

　황토 지대는 중국, 중앙아시아와 이스라엘, 미국과 아르헨티나에서 발견되고 있습니다. 방사성 원소를 이용해서 연대 측정을 해 보면 황토 지대는 180만 년 전쯤에 형성된 걸로 나타납니다. 그러니까 황사 현상은 180만 년 전에도 있었다는 얘기이지요.

황사가 봄에 잘 발생하는 이유와 누런 눈

황사 현상이 일어나려면 땅에 깔려 있거나 붙어 있는 모래나 황토가 잘 떨어져야 할 겁니다. 그렇게 되려면 비가 오지 않아야 하고, 땅이 푸석푸석해야 합니다. 비가 자주 내리면 식물이 자랄 수 있는 여건이 충분히 형성되어서 땅이 굳어지고, 딱딱하게 굳은 땅에서는 거대한 모래 바람이 일기 어려운 일이니까요.

그래서 수개월 동안 비 한 방울 오지 않고, 뙤약볕이 사정없이 내리쬐는 척박하기 이를 데 없는 고비 사막이나 몽골 지역의 황량한 지대가 황사가 발생하기 좋은 발원지가 되는 것이랍니다.

그럼, 봄에 황사 현상이 주로 나타나는 이유를 알아보겠습니다.

황사 현상이 일어나려면 모래와 황토 알갱이가 잘게 부서질 수 있어야 하겠지요. 그렇다면 봄, 여름, 가을, 겨울 중에서 이런 환경을 가장 잘 만들어 줄 수 있는 계절은 어느 계절일까요?

여름은 비가 내릴 가능성이 가장 높고, 가을은 봄부터 싹을 틔우기 시작한 식물이 땅에 뿌리를 굳게 박고 있는 계절이며,

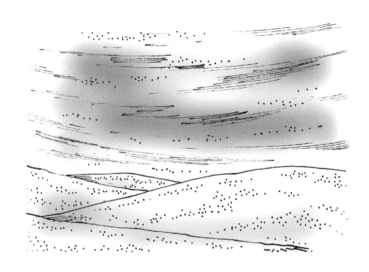

겨울은 추운 기온 탓에 흙이 얼어서 뭉쳐 있게 마련입니다.

이와 달리 봄은 어떻습니까? 날씨가 풀리기 시작하면, 얼어 있던 지표가 녹아 부서지면서 떠오르기 좋은 미세한 모래와 황토로 변하지요. 그래서 식물이 왕성한 생장을 시작하지 않은 이른 봄에 황사 현상이 빈번히 발생하는 것이랍니다.

그러나 이건 어디까지나 가능성의 문제입니다. 봄에 황사가 발생할 빈도가 높다는 것일 뿐, 다른 계절에는 절대로 황사 현상이 발생하지 않는다는 것은 아닙니다. 12월이라도 이상 기온이 나타나서 흙이 미세하게 쪼개질 수 있고, 그 지역의 기압 배치가 적절히 따라 준다면 황사 현상은 언제라도 일어날 수가 있는 것입니다.

드물기는 하지만 한겨울에 누런 눈이 내리는 경우가 있습니다. 눈이라면 당연히 하얀색을 띠어야 할 텐데, 누런 눈이 내린다는 것은 모래나 황토가 섞여서 내렸다는 뜻이겠지요. 즉, 황사가 발생했다는 의미입니다.

황사의 영향

황사가 발생하는 곳은 토양이 메마른 땅으로 바뀌게 됩니다. 그러면서 사막화 현상이 가속되고, 지표층이 파괴되어서 끝내는 생명이 살기 어려운 죽음의 땅으로 변하게 된답니다. 중국의 경우 황사로 사막화 현상이 나날이 증가해서 현재는

전 국토의 10% 이상이 사막으로 변한 것으로 알려지고 있습니다.

그러나 황사가 야기하는 문제는 여기서 그치지 않습니다. 사막화 현상은 황사가 발발하는 곳에 한정된 얘기이고, 주변 지역은 황사가 일으키는 2차적인 문제로 몸살을 앓게 됩니다. 면역력이 떨어지는 어린이나 노약자, 눈이나 호흡기 질환이 있는 사람은 황사가 발생하면 각별히 조심해야 하지요.

또한, 반도체와 같은 높은 순도를 유지해야 하는 작업실이나, 약간의 이물질이 들어가는 것으로도 대형 사고로 이어질 수 있는 항공 운행 같은 경우는 황사 경보가 발령되었을 때 특히 주의해야 합니다.

최근에는 황사에 세균이 묻어서 날아올 가능성이 조심스럽

게 거론되고 있습니다. 황사가 발생한 며칠 후, 그 이전까지는 건강했던 돼지와 닭이 집단으로 감염되는 사례가 나타난다는 것이 그런 개연성을 의심해 보게 하지요. 물론 중국 입장에서는 그럴 가능성을 부정하고 있지만, 병원균은 언제라도 공기로 전파가 가능하기 때문에 그 가능성을 전적으로 무시할 수만은 없습니다.

내일은 황사 현상이 나타날 것으로 예측되오니….

으~, 나쁜 중국! 또 황사를 날려 보내다니….

황사는 중국이 직접 날려 보내는 건 아니고 대기압에 의해 생기는 현상이랍니다.

사막이나 황토 지대의 모래나 황토가 바람에 쓸려 날아가 먼 곳에 떨어지는 현상을 황사라고 하는데, 모래나 황토가 넓게 분포해 있는 곳과 그 이웃 지역이 황사 현상을 많이 겪게 된답니다.

따라서 중국은 한반도보다 훨씬 혹독한 황사 현상을 겪는답니다. 황사의 농도는 발생지에서 가까운 곳일수록 높기 때문입니다.

중국에선 그렇게 심한가요?

예, 그리고 황사는 각 나라마다 부르는 명칭이 다르답니다. 한국에서는 누런 모래란 의미로 황사라고 하지만, 세계인들은 아시아 먼지라고 하지요. 그리고 일본에서는 상층 먼지란 의미로 코사라고 하고요.

한국인 - 황사
일본인 - 코사
세계인 - 아시아 먼지

모래가 많은 지역에 고기압의 공기가 지상을 스쳐가며 모래를 쓸어 담은 후 저기압 지역으로 들어가 상공으로 상승하여 바람에 실려 날아오는 것이 황사랍니다.

그럼 황사는 왜 만들어지는 거죠?

고기압   저기압   고기압

지면

황사는 기압 차이 때문에 생기는군요. 근데 왜 요즘에 더 크게 부각되는 거죠?

최근 여러 매체에서 황사를 많이 언급해서 최근에 생긴 현상 같지만, 황사의 역사는 꽤 길어요. 중국의 사서에는 서기 300년 무렵부터 황사 현상이 있었다는 기록이 있어요. 그리고 근래에 환경 파괴에 의해 황사가 더 심해지기도 했고요.

압력은 전체 집합, 대기압은 부분 집합

압력에는 어떤 것들이 있는지 알아봅시다.

9

토리첼리가
압력의 정의를 이야기하며
마지막 수업을 시작했다.

여러 종류의 압력

대기압은 일종의 압력입니다. 공기가 누르는 압력이지요.
대기압은 압력이라는 큰 전체 집합 속에 들어 있는 하나의 작
은 부분 집합인 셈이지요. 이건 압력 속에는 대기압 말고도
다른 종류의 여러 부분 집합들이 속해 있다는 말이지요.

그래서 마지막 수업에서는 압력은 어떻게 정의하고, 압력
에는 어떤 것들이 있는지에 대해서 살펴보도록 하겠습니다.
압력은 이렇게 정의합니다.

압력은 일정한 면적에 수직으로 작용하는 힘이다.

즉, 수직으로 작용하는 힘을 면적으로 나눈 값이 압력이 되는 겁니다.

압력＝수직으로 작용하는 힘/면적

그러니 수직으로 작용하는 힘이 크면 클수록, 힘을 받는 면적이 좁으면 좁을수록 압력은 커지게 되겠지요.

남성의 구둣발에 밟히는 것보다 여성의 하이힐에 밟히면 훨씬 더 아프지요? 여성의 하이힐은 뾰족해서 작은 면적에 힘이 집중됩니다. 하이힐은 힘을 가하는 면적이 좁다는 뜻이

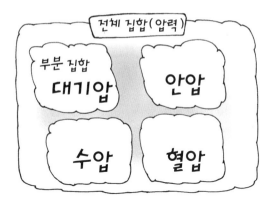

지요. 압력의 정의에 따라 하이힐이 더 센 힘으로 누르게 되는 겁니다. 그러니 당연히 아플 수밖에요.

과학자의 비밀노트

안압(眼壓) : 각막과 공막으로 싸여 있는 안구의 내부가 유지하고 있는 일정한 압력으로, 안내압이라고도 한다. 한국인의 정상 안압은 15~25mmHg이며, 30mmHg 이상은 병적인 것이다. 안압이 비정상적으로 상승한 상태를 녹내장, 그 반대로 저하한 상태를 안구저장이라 한다.

수압(水壓) : 물의 무게에 의한 압력으로, 물속의 한 점에서는 전후·좌우·상하의 모든 방향에서 같은 세기의 힘이 미친다.

혈압(血壓) : 혈액이 혈관 속을 흐르고 있을 때 혈관벽에 미치는 압력으로, 보통 동맥혈압을 뜻할 때가 많다. 일반인의 정상적인 수축기 혈압은 120mmHg, 확장기 혈압은 80mmHg 이며, 평균 동맥압은 100mmHg, 맥압은 40mmHg 정도이나 사람에 따라 다소 차이가 나기도 한다.

압력은 힘이 작용하는 곳이면, 어디든지 생깁니다. 눈의 내부에 힘이 작용해서 생기는 압력은 안압, 혈액이 혈관에 작용해서 생기는 압력은 혈압, 물이 힘을 작용해서 생기는 압력은 수압, 공기(대기)가 작용해서 생기는 압력은 대기압이 됩니다.

찌그러진 탁구공 복원하기

압력을 유용하게 이용하는 방법 한 가지를 소개하는 것으로 대기압 이야기를 맺을까 합니다.

탁구를 치다 보면 탁구공이 찌그러지는 경우가 종종 있습니다. 탁구공의 한쪽이 움푹 들어가게 되면 공이 제대로 튀질 않습니다. 탁구공이 탁구대에서 통통 잘 튀어야 하는데, 그러한 기능을 잃어버린 탁구공은 이미 탁구공이 아니지요.

그렇다고 찌그러진 탁구공을 쓸모없다고 버리지 마세요. 다시 복원해서 쓸 수가 있거든요.

찌그러진 탁구공을 어떻게 재사용할 수 있는 건지 사고 실험으로 그 답을 유도해 보아요. 여러분의 멋진 창의적 사고가 훌륭한 결과와 함께 명쾌한 끝맺음을 해 주리라 믿어요.

탁구공 속에는 공기가 들어 있어요.

온도가 높아지면 탁구공 속 공기는 더 활발하게 운동할 거예요.

고삐 풀린 조랑말처럼 남아도는 운동 에너지를 어찌 할 수 없어서

마구 날뛰게 될 것이란 말이에요.

그런 공기 입자들이 탁구공 안쪽을 때릴 거예요.

때린다는 건 힘이 작용한다는 거예요.

압력을 가한다는 뜻이지요.

압력을 가하면 어찌 되겠어요?

그래요, 움푹 들어갔던 곳이 다시 펴질 거예요.

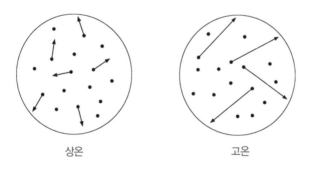

상온   고온

탁구공 속 기체가 활발히 움직이면 찌그러진 탁구공이 원래의 매끄러운 둥근 모습을 찾는답니다.

그러나 탁구공 속 기체의 온도를 높이겠다고, 불에다 탁구공을 갖다 대는 건 절대로 해서는 안 될 일이에요. 자칫 잘못

하다간 불이 날 위험이 있을 뿐만 아니라, 탁구공 자체가 녹아 버리거든요. 녹아 버린 탁구공은 복원이 불가능해요.

탁구공 속 기체의 운동 에너지를 활발하게 해 주기 위해서는 온도를 아주 높게 올려 주지 않아도 돼요. 뜨거운 물에 살짝 담가만 주어도 찌그러진 탁구공은 감쪽같이 제 모양으로 금방 돌아오거든요.

내일 비구름을 가진 기압골이 접근하면 대기압이 낮아져 습기가 증가함에 따라…

저, 선생님! 일기 예보 같은 데서 대기압이 어쩌고저쩌고 하는데, 정확히 대기압이 뭐죠?

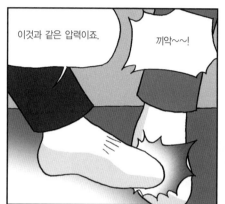

이것과 같은 압력이죠.

끼악~~!

압력은 일정한 면적에 수직으로 작용하는 힘을 말합니다. 즉, 수직으로 작용하는 힘을 면적으로 나눈 값이 압력이에요. 지금은 제 발이 당신의 발등에 압력을 가했죠.

크으~!

수직으로 작용하는 힘이 클수록, 힘을 받는 면적이 좁을수록 압력은 커지게 됩니다. 모래 위를 단화를 신고 걸을 때와 뾰족 구두를 신고 걸었을 때 중 어떤 때 발자국이 더 잘 남는지 생각해 보세요.

뾰족 구두를 신었을 때겠죠.

맞습니다. 이러한 압력은 힘이 작용하는 곳이면 어디든지 생기지요.

어디든지 생긴다고요?

네. 눈의 내부에 힘이 작용해서 생기는 압력은 안압, 혈액이 혈관에 작용해서 생기는 압력은 혈압, 물이 힘을 작용해서 생기는 압력은 수압, 공기(대기)가 작용해서 생기는 압력이 바로 대기압이랍니다.

아직도 밟힌 발이 아파요. 다시는 선생님께 질문 안 할 거예욧!

압력
안압, 수압, 혈압, 대기압

대기압을 측정한
토리첼리 Evangelista Torricelli, 1608~1647

토리첼리는 수학자이자 물리학자로, 이탈리아 파엔차에서 태어났습니다.

로마에서 수학자 카스텔리에게 수학을 배웠고, 피렌체에서 갈릴레이로부터 물리학을 배웠습니다.

갈릴레이는 물체의 운동을 깊이 있게 연구했습니다. 마찰이 없으면 물체는 등속 운동을 계속하고, 물체의 낙하 거리는 시간의 제곱에 비례해서 길어지며, 공중으로 던진 물체는 포물선을 그리며 운동한다는 등을 알아내는 업적을 쌓았습니다. 토리첼리는 갈릴레오의 또 다른 제자인 비비안니와 함께 스승의 연구를 도왔습니다. 그리고 비비안니는 갈릴레이 사후에 스승의 전기를 쓰는 데 기여를 했습니다.

토리첼리의 가장 큰 업적은 대기압의 측정에 있습니다. 1643년 토리첼리는 동료 비비안니와 함께 수은을 가득 채운 관을 기울이는 실험을 통해 토리첼리의 진공이 생기는 것을 발견하였습니다. 이것은 대기압이 존재한다는 증거가 되었습니다. 대기압의 단위인 토르(Torr)는 토리첼리의 이름을 딴 것입니다.

1644년에는 유체 동역학을 개척하며 유속과 가압의 크기에 관한 법칙인 '토리첼리의 정리'를 발표했습니다. 토리첼리의 정리는 주위의 대기압이 일정하고 수면에 떨어지는 속도를 무시할 수 있는 경우에 베르누이 정리의 변형입니다.

이외에도 토리첼리는 갈릴레이가 제작한 망원경을 개량하고, 초기 현미경을 제작하였으며, 수학자로서 사이클로이드를 연구하였습니다.

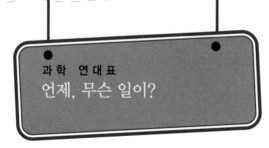

과학사   세계사

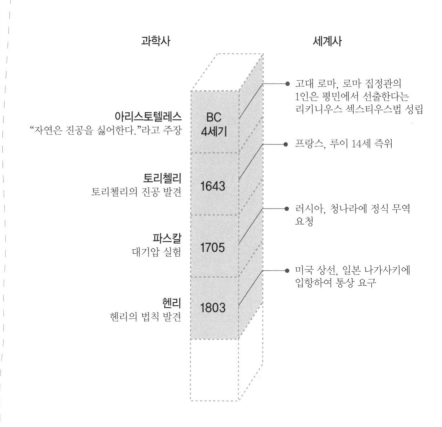

아리스토텔레스
"자연은 진공을 싫어한다."라고 주장

BC
4세기

● 고대 로마, 로마 집정관의
1인은 평민에서 선출한다는
리키니우스 섹스티우스법 성립

● 프랑스, 루이 14세 즉위

토리첼리
토리첼리의 진공 발견

1643

● 러시아, 청나라에 정식 무역
요청

파스칼
대기압 실험

1705

● 미국 상선, 일본 나가사키에
입항하여 통상 요구

헨리
헨리의 법칙 발견

1803

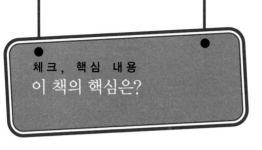

1. 아인슈타인은 ☐☐ ☐☐ 연구와 이론 물리학에 기여한 업적으로 1921년에 노벨 물리학상을 받았습니다.

2. 아리스토텔레스는 "자연은 ☐☐ 을 싫어한다."라고 주장하였습니다.

3. 뉴커먼의 ☐☐ ☐☐ 은 실린더와 피스톤을 움직여서 물을 뽑아 올리는 장치로, 산업 혁명의 불을 붙이는 도화선 구실을 하였습니다.

4. ☐☐ 의 밀도는 물의 13.6배나 되기 때문에 돌덩이나 쇳덩이마저 둥둥 뜹니다.

5. 1 ☐☐ 은 수은 기둥을 76cm까지 끌어 올려 주는 압력입니다.

6. 에베레스트 같은 높은 산을 오르면 ☐☐ 증세가 나타납니다.

7. 온도가 낮고 압력이 높을수록 기체는 잘 녹는 법칙은 ☐☐ 의 법칙입니다.

8. 주변보다 대기압이 높은 곳은 ☐☐☐ 이며, 낮은 곳은 ☐☐☐ 입니다.

1. 광전 효과 2. 진공 3. 증기 기관 4. 수은 5. 기압 6. 고산 7. 헨리 8. 고기압, 저기압

화성의 대기압 높이기

　화성은 지구보다 작고 중력이 약해서 대기가 희박합니다. 가벼운 기체인 수소와 헬륨, 수증기 등은 모두 우주 공간으로 날아갔기 때문입니다. 반면에 무거운 기체들은 탈출 속도에 다다르지 못해 화성에 그대로 남았는데, 그 기체가 이산화탄소입니다.

　지구의 대기압에 익숙해 있는 인간이 화성에 내리면 고막이 터지고 피가 부글부글 끓어오르는 등의 심각한 생리적 변화를 겪게 됩니다. 또한 화성은 태양에서 멀리 떨어져 있어서 지구보다 온도가 낮고 일교차가 매우 큽니다. 이런 온도에서는 사람이 안락한 생활을 하기가 힘듭니다.

　화성을 인류가 살아갈 수 있는 터전으로 만들려면 이런 환경 조건을 바꾸어야 합니다. 먼저 화성에 대기를 풍부하게 만들어야 합니다. 대기가 많아지면 대기압이 올라가서 인체의 생리적인 변화가 일어나지 않습니다. 또한 풍부한 대기는 온실 효과를 일으켜 행성의 기온을 상승시킵니다.

그러나 대기가 풍부해도 산소가 부족하면 인류는 살 수 없습니다. 산소는 식물의 광합성 작용으로 양산할 수 있습니다. 하지만 일반적인 식물을 심어서 화성의 대기에 산소가 풍부해지는 데 10만 년이 넘는 시간이 걸릴 것이므로 무작정 기다리기만 할 수는 없습니다.

이러한 문제의 답은 유전 공학자들이 가지고 있습니다. 유전 공학자들이 광합성 작용을 빨리 하는 식물을 생산해 내고, 그것을 화성에 대량으로 심어서 산소를 증대시킬 것입니다. 이런 일련의 과정이 100년 안에 이루어지는 방안을 과학자들이 연구 중입니다.

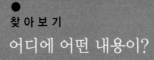

찾 아 보 기

어디에 어떤 내용이?